AF458752

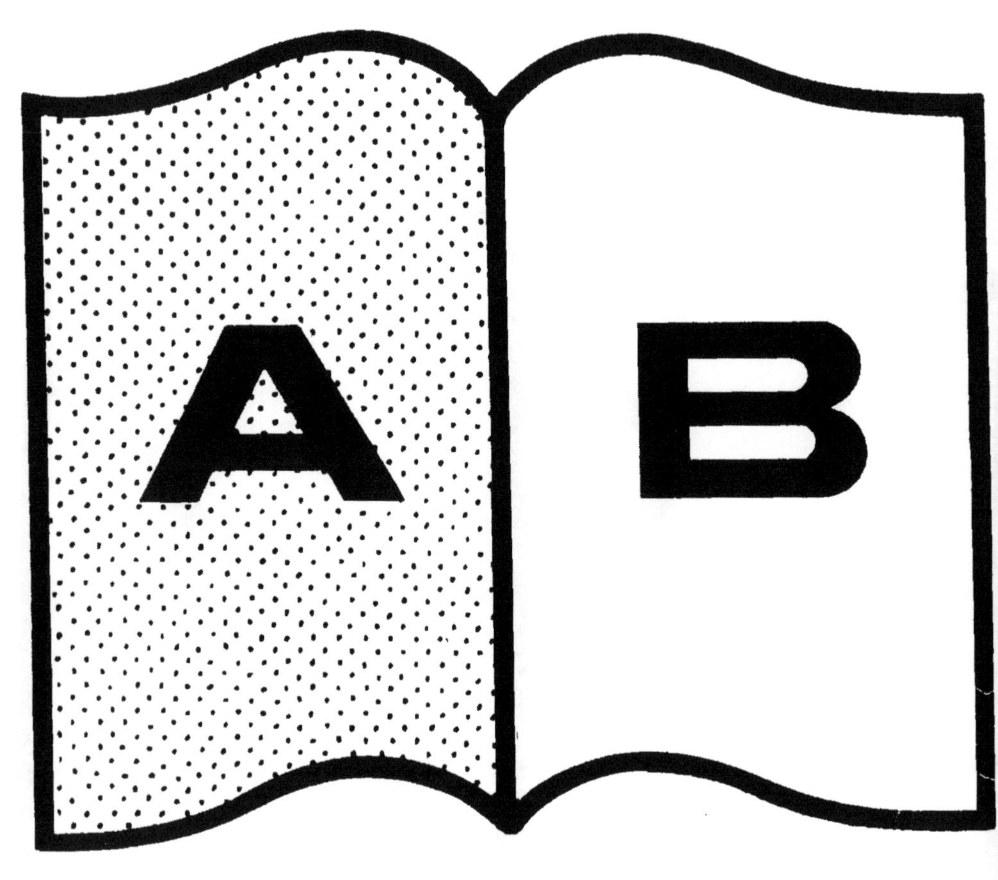

Contraste insuffisant

NF Z 43-120-14

JEAN CHALON

LA TERRE

Astre du ciel

GAND
Société Coopérative « Volksdrukkerij, » rue Hautport, 29

1907

LA TERRE

ASTRE DU CIEL

JEAN CHALON

LA TERRE

Astre du ciel

GAND
Société Coopérative « Volksdrukkerij, » rue Hautport, 29

1907

NOTIONS PRÉLIMINAIRES

Astrologie, littéralement *discours sur les astres*, désignait autrefois la connaissance des corps célestes ; à cause de l'abus qu'on avait fait du mot, et de la tournure chimérique donnée à cette étude, il a fallu un terme nouveau pour la science sérieuse, et l'on a inventé *Astronomie*. Ce mot fait naître l'idée de gros volumes bourrés de chiffres et de calculs ; c'est en effet une science mathématique : mot à mot *lois des astres*. *Cosmographie — description de l'Univers —* est venue ensuite ; c'est une science surtout descriptive ; on ne peut l'ignorer aujourd'hui, approfondie plus ou moins, et dès l'école primaire on en donne aux enfants quelques notions. J'ai essayé de traduire *Cosmographie* d'une façon moins rébarbative par : *La Terre astre du ciel.*

Il est certaines idées, écrit M. Flammarion au début de son *Tableau de l'Astronomie*, avec lesquelles il faut tout d'abord se familiariser, si l'on veut aborder l'étude de la Cosmographie.

1° La Terre est une boule suspendue dans l'espace, sans appui d'aucune sorte. Des navigateurs parcourent continuellement les mers sans apercevoir ni support ni fil suspenseur.

Cette notion, traitée jusqu'au temps de Christophe Colomb, de chimère insensée et hérétique, est aujourd'hui admise comme simple et naturelle par les petits enfants de nos écoles.

2° Il n'y a ni haut ni bas dans l'Univers. Le bas, pour chacun, c'est le centre de la Terre. Les habitants de la Nouvelle-Zélande ont, par rapport à nous, et nous avons, par rapport à eux, la tête en bas, ce qui n'empêche les Belges et les Nouveaux-Zélandais de sentir la Terre sous leurs pieds, et de voir le ciel au-dessus d'eux.

On appelle *zénith* et *nadir* d'un lieu de la Terre les points du ciel où aboutit le diamètre terrestre passant par ce lieu. Le zénith de chaque observateur est au dessus de sa tête, et le nadir, invisible, en dessous de ses pieds. Comme la Terre se meut continuellement, zénith et nadir désignent des points du ciel constamment variés.

3° Il est plus facile de supposer l'Univers infini que d'y mettre des limites. En effet, qu'y aurait-il au delà ?

Il est plus facile aussi de supposer la matière éternelle que d'en chercher le commencement et la fin.

4° La Terre est un astre semblable à d'autres astres que nous voyons briller dans le ciel, Mars par exemple, ou Vénus, l'étoile du berger. Pour les habitants de ces astres, la Terre serait aussi une étoile brillante. Mars et Vénus ne se montrent petits que par l'éloignement. Comme la Terre, Mars et Vénus n'ont pas de lumière propre, et brillent à cause du Soleil. Nous sommes *dans le ciel* et nous ne pourrions en sortir.

Les astres semblent légers, mais il en est parmi eux de beaucoup plus gros et plus lourds que la Terre ; Jupiter, qui apparaît comme la plus brillante des étoiles, est trois cent dix fois plus lourd.

5° L'astre terrestre est emporté dans l'espace, sans bruit ni secousse, mille fois plus vite qu'un train express parcourant cent kilomètres à l'heure.

6° La couleur bleue du ciel et la chaleur solaire sont des effets dus à notre atmosphère.

Les espaces célestes représentent le vide ; il y fait un froid intense. Un observateur qui y serait transporté verrait le ciel noir, et les étoiles en même temps que le Soleil.

Il est probable que ce vide n'est pas absolu : il renferme cette matière excessivement raréfiée que l'on nomme provisoirement *éther*, et dont les vibrations prodigieusement rapides (des centaines de millions en un millionième de seconde), nous apportent, par une admirable transmission de la force à énorme distance, la lumière et la chaleur du Soleil.

7° On évalue parfois l'éloignement des astres par millions de lieues. On ne peut se faire une idée du million qu'avec un effort d'esprit considérable : en comptant un par seconde, sans interruption, il faut onze jours et treize heures pour arriver au million, et plus de trente ans pour le milliard ou billion.

Les intervalles dans le système planétaire, demandent une unité plus grande que la lieue, le diamètre de la Terre par exemple. Les chiffres seront moins formidables et la notion plus nette.

Mouvement diurne

En Belgique, un observateur, faisant face au point où l'on aperçoit le Soleil à midi, remarquera que tous les astres, le Soleil pendant le jour, la Lune et les étoiles pendant la nuit, semblent s'élever de gauche et descendre vers la droite, où ils finissent par se coucher et disparaître. Si l'on regarde au contraire vers le nord, les étoiles tourneront en vingt-quatre heures autour de l'une d'elles, l'étoile polaire, qui reste immobile, et tourneront en sens contraire des aiguilles d'une montre, dans le même sens que les étoiles qui se lèvent et qui se couchent. Tout arrive comme si les astres possédaient un mouvement uniforme de rotation autour d'un axe dont l'étoile polaire marquerait un bout. Cette apparence, dont on verra plus loin la cause réelle, s'appelle le *mouvement diurne*, parce qu'en un jour (de vingt-quatre heures), chaque astre revient sensiblement au même point.

Une étude attentive enseigne que les étoiles conservent entre elles des positions invariables, tandis que d'autres astres se déplacent lentement dans l'ensemble. On a donné à ces derniers le nom de *planètes*. Le Soleil et la Lune semblent aussi voyager parmi les étoiles; dans l'ancienne nomenclature, on les rangeait parmi les planètes.

Les planètes se distinguent en outre par une lumière tranquille; elles scintillent seulement un peu quand elles sont basses sur l'horizon. Dans les lunettes, elles ont un diamètre apparent.

Les étoiles, à l'œil nu, scintillent fortement; leur lumière semble se ranimer et s'éteindre à intervalles irréguliers et lancer des flèches brillantes; au télescope, elles figurent de simples points lumineux, sans rayons; quel que soit le grossissement, on n'arrive pas à leur donner un diamètre.

La distinction entre ces deux catégories est d'une importance majeure, comme on le verra bientôt.

Découverte du mouvement des planètes

Ces différences étaient connues dès la plus haute antiquité; mais la véritable explication date de trois siècles à peine.

Homère voyait dans la Terre un plateau entouré par le fleuve Océan. Le firmament était une voûte solide; des chars, soutenus par des nuages, portaient les astres. Au-dessous du plateau s'étendait une autre voûte, le Tartare, obscure, et habitée par les Titans, ennemis des dieux.

Les Hindous enseignent que la Terre est un plateau soutenu par des éléphants. Ils oublient de dire sur quel socle s'appuient ces proboscidiens.

Thalès, qu'on appelle souvent Thalès de Milet, était cependant originaire de Phénicie; initié par les prêtres égyptiens, il vint dans sa vieillesse enseigner à Milet, six cents ans avant notre ère. Il fut un des sept sages de la Grèce. Pythagore, Grec de naissance, accomplit des pérégrinations nombreuses, notamment en Égypte. Vers la même époque que Thalès, il enseigna à Samos et à Crotone. Thalès et Pythagore parlèrent des mouvements de la Terre à quelques disciples choisis; mais ces idées ne se répandirent nullement parmi leurs concitoyens.

Il y a quatre mille ans, l'Égypte avait atteint un haut degré de culture, quand le reste du monde était plongé dans la barbarie. La civilisation, venue de l'Inde, a passé d'Égypte en Grèce et de Grèce en Italie.

Trois siècles plus tard, vivait à Samos Aristarque, qui fut ami d'Archimède. « Il suppose, dit ce dernier dans un de ses écrits, que la Terre tourne autour du Soleil selon la circonférence d'un cercle. » C'est formel. Accusé d'impiété par Cléanthe, disciple de Zénon et chef d'une école philosophique, il se vit persécuté pour insulte à Vesta, déesse qui représentait la stabilité de la Terre.

Tels furent les seuls défenseurs du mouvement de la Terre dans l'antiquité. Vint ensuite une nuit intellectuelle de dix-sept siècles.

Jusqu'au milieu du quinzième siècle de notre ère, on a cru que le ciel était solide, ou du moins que tous les astres tournaient autour de la Terre. C'était le comble de l'orgueil humain. On imaginait une suite de mouvements d'une complication extrême pour accorder le déplacement des planètes, et surtout pour ne pas se mettre en contradiction avec la Bible.

En 1473, naquit à Thorn Copernic, qui plus tard devint médecin et chanoine à Frauenberg (sur la Vistule). Il développa les idées pythagoriciennes dans un livre qu'il fit imprimer tout à la fin de sa vie (1543), et qu'il dédia au pape dans l'espoir que cette égide alors toute puissante, le sauverait de ses ennemis. Inutile précaution : quelques années plus tard, sa doctrine était déclarée hérétique par la cour de Rome, et en dépit de la dédicace, le livre mis à l'index. L'idée principale de Copernic était la rotation de la Terre sur son axe en vingt-quatre heures.

Galilée, né à Pise, d'autres disent à Faënza, en 1564, profita des enseignements de Copernic. Quel maître, et quel disciple! Galilée découvrit l'isochronisme des oscillations du pendule, les lois de la chute des corps; il construisit la première lunette astronomique, bien imparfaite encore, et il s'en servit pour découvrir les montagnes de la Lune, les satellites de Jupiter, l'anneau de Saturne, que nul œil humain n'avait contemplés avant lui.

Sur la dénonciation du dominicain Baccini, un jaloux et un fanatique, Galilée fut poursuivi par l'inquisition; il se rendit à Rome, où il se vit emprisonné pendant une vingtaine de jours, et finalement condamné à reconnaître fausse et hérétique la doctrine du mouvement de la Terre. En effet, cette doctrine se trouvait en complet désaccord avec le texte biblique : *Josué arrêta le Soleil pour prolonger le massacre des Amor-*

rhéens. Après son abjuration solennelle, Galilée se releva, et frappant la Terre du pied, il prononça les mots fameux : *E pur si muove !*

Presque à la même époque, Képler (1571-1630), né en Wurtemberg, faisait connaître les lois du mouvement des planètes autour du Soleil. Il avait opiniâtrement travaillé cette question pendant vingt-huit ans.

En 1682, Isaac Newton, né dans le comté de Lincoln, Angleterre, (1643-1727), formulait la gravitation universelle, sur la connaissance de laquelle sont fondées toutes nos connaissances en mécanique céleste.

Peu à peu, les instruments, lunettes et télescopes, se sont perfectionnés; les rapports des astres se débrouillèrent, et l'on en arriva à la connaissance exacte des faits. On peut aujourd'hui, dans une courte étude, profiter ainsi de la science acquise par les plus grands génies de l'humanité.

Vue d'ensemble du système planétaire

C'est un groupe d'astres bien isolé dans l'Univers, on peut même dire une petite famille. En effet, si l'on représente le système entier par un disque d'*un centimètre* de diamètre, l'étoile la plus rapprochée sera distante de *trente mètres*. Le système planétaire comprend le Soleil, les planètes et les satellites.

Le Soleil, énorme, occupe à peu près le centre. Autour de lui, dans un même plan à peu près, mais à des distances inégales du centre, de manière à ne se rencontrer jamais, tournent les planètes. Elles parcourent ainsi des courbes fermées qu'on nomme *ellipses*. Ce mouvement, c'est la *révolution*.

Comme les temps que les planètes emploient pour faire un tour complet sont différents pour chacune d'elles, leurs positions respectives changent sans cesse.

Un cerceau d'écolier, légèrement comprimé, figure une ellipse; les deux bouts en sont également arrondis. Un œuf de poule n'est pas elliptique, mais un cadre, improprement appelé *ovale*, est elliptique. On peut encore donner l'intuition de l'ellipse avec l'ombre projetée d'un cercle sur un plan oblique ; avec la section oblique d'un cylindre ou d'un cône, par exemple en plongeant ces solides obliquement dans une eau tranquille. *Aucun arc d'ellipse, même très petit, ne peut coïncider avec un arc de cercle ni se tracer au compas ordinaire.*

Pour tracer une ellipse sur deux axes de longueur déterminée, AB et CD, on peut employer le procédé graphique suivant :

Soient les axes se coupant par le milieu, à angle droit.

Du point C ou D, avec une ouverture de compas égale à BO, déterminer les points M et N ; planter en M et en N deux

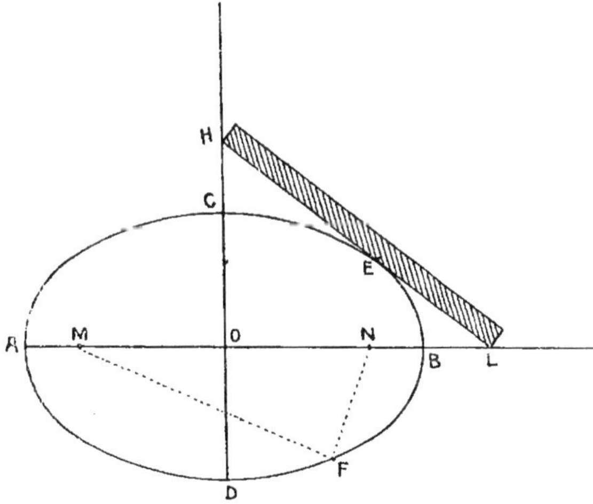

Fig. 1. — Tracé de l'ellipse.

épingles, ou si l'on est sur le terrain, deux piquets ; y appuyer un fil qui ait, les bouts étant liés ensemble, une longueur exactement égale à AB+MN ou deux fois MB ; appuyer la pointe d'un crayon à l'intérieur de ce fil, et tracer l'ellipse demandée. On voit donc que la somme des distances de chaque point de l'ellipse aux points M et N est constante, qu'elle vaut 2 fois BO. Les points M et N sont les *foyers* de l'ellipse; AB le grand axe, ON l'*excentricité*, c'est-à-dire la demi-distance des foyers, O le *centre*, les points A et B les *sommets*, les longueurs AM ou NB, les *distances focales*. Si l'excentricité est nulle, nous revenons au cercle. L'ellipse que parcourt une planète ou un satellite, c'est l'*orbite* de l'astre; l'*orbe* est la surface limitée par l'orbite, de même que le cercle est limité par la circonférence.

Autre procédé. — Prenons une règle égale à CO+OB et marquons-y la limite E de ces deux longueurs par une très légère entaille propre à recevoir la pointe d'une aiguille ou d'un crayon. Matérialisons l'angle COB par une bonne équerre. Faisons mouvoir la règle dans l'équerre, de façon que ses deux bouts s'appuient toujours sur les côtés de l'angle droit et que l'encoche se trouve sur le bord intérieur de la règle, du côté du sommet de cet angle. Alors le crayon appuyé sur l'encoche décrira le quart d'ellipse CEB.

On recommencera la même chose dans les trois autres cadrans.

Autre procédé. — Le compas elliptique (chez Riefler à Munich, 225 francs).

Les ellipses des planètes sont de faible excentricité, c'est-à-dire se rapprochent beaucoup du cercle; le Soleil occupe un des foyers.

Les planètes, parmi lesquelles on compte la Terre, sont d'immenses boules massives, de grosseurs et de densités variées. Elles tournent sur elles-mêmes comme des toupies, ce qui constitue la *rotation*.

Dans leur révolution, si le Soleil cessait de les attirer, elles fileraient en ligne droite dans l'espace, en vertu de la force centrifuge, et en conservant leur vitesse. Sans la révolution, elles tomberaient sur le Soleil, en vertu de la gravitation (ou attraction) universelle. Cet équilibre de deux forces égales et opposées permet aux planètes de tourner éternellement, sans perte de mouvement, autour du centre lumineux du système. Si le mouvement des planètes se ralentissait seulement un peu, elles tomberaient en spirale sur le Soleil; si leur vitesse s'accélé-

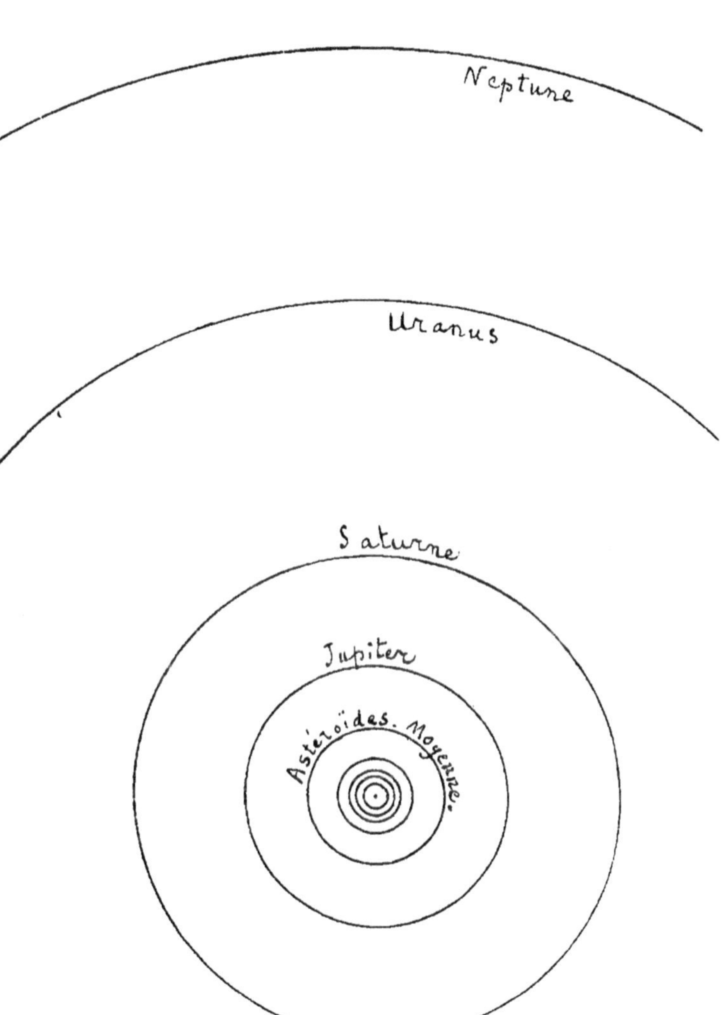

Fig. 2. — Distances relatives des orbites planétaires.

rait légèrement, elles s'en écarteraient indéfiniment, toujours par une spirale.

Mais à une accélération où à un ralentissement une fois acquis, correspondraient un rapprochement ou un éloignement déterminé, et un nouvel état d'équilibre.

Parfois des comètes traversent le système planétaire.

La plupart des planètes sont accompagnées de satellites. Par exemple, la Lune accompagne la Terre.

En supposant que l'étoile polaire forme le sommet de l'Univers, les satellites, les planètes, et le Soleil lui-même, opèreront leurs mouvements de rotation et de révolution invariablement dans la même direction : *en sens inverse des aiguilles d'une montre*. C'est ce qu'on appelle en astronomie le mouvement *direct*. Le mouvement des aiguilles d'horloge est dit *rétrograde*.

En effet, les horloges ont été inventées à une époque où l'on était obligé de croire que le Soleil tournait autour de la Terre. Si dans notre pays, le Soleil tourne en apparence comme les aiguilles d'une montre qu'on tient devant soi, dans les régions antarctiques, au contraire, il semble se lever à droite, et se coucher à gauche de l'observateur. Quant aux étoiles circumpolaires, elles semblent tourner chez nous à l'envers du Soleil... parce que, pour les regarder nous avons fait demi-tour.

Le plan de l'orbite de la Terre s'appelle l'écliptique. Les orbites des autres planètes ne s'en écartent pas beaucoup, mais elles s'inclinent un peu sur l'écliptique vers les différents points de l'horizon, le Soleil restant dans toutes les hypothèses possibles leur commun point d'intersection. C'est ainsi que la collection de ces orbites se présente sous la forme discoïde.

Lois de Képler

1° Les orbites des planètes sont des ellipses dont le Soleil occupe un des foyers.

2° Les rayons vecteurs, lignes idéales qui relient constamment la planète au Soleil, décrivent des aires égales dans des temps égaux. Ces aires varient naturellement d'une planète à l'autre. La planète ne se trouve pas toujours à la même distance du Soleil, et son mouvement est d'autant plus lent qu'elle s'en éloigne davantage.

3° Les carrés des temps de révolution de deux planètes sont proportionnels aux cubes des demi-grands axes de leurs orbites. Plus une planète est éloignée du Soleil, moindre devient sa vitesse de translation.

Loi de l'attraction

Elle est en raison directe du produit des masses et en raison inverse du carré des distances. L'attraction particulière de la Terre se nomme la pesanteur; elle agit comme si toute la masse terrestre était condensée au centre. Pour doubler la distance, il faudrait donc s'écarter de la surface de la Terre d'une longueur de rayon, alors la pesanteur serait quatre fois moins forte.

Les chemins parcourus par deux corps qui s'attirent mutuellement sont en raison inverse de leurs masses. Si on laisse tomber un corps sur la Terre, la Terre tombe aussi (un peu!) sur le corps.

Puisque l'attraction est proportionnelle aux masses, tous les corps à la surface de la Terre tombent également vite. Mus par un ressort qui se détend, les corps prendraient un mouvement uniforme d'autant plus lent que leur masse serait plus grande; par exemple le boulet dans un sens et le canon dans l'autre; les vitesses sont en raison inverse des masses, et le produit $M \times V$ s'appelle la quantité de mouvement du corps; les quantités de mouvement du boulet et du canon sont égales.

Si les corps qui tombent ont un mouvement accéléré (sur la Terre 9 m. 80 par seconde), c'est parce que l'attraction continue à agir pendant la chûte. On désigne toujours cette accélération par la lettre g.

LE SOLEIL

Mouvements, distance, dimensions, poids

Le Soleil tourne sur lui-même en vingt-cinq jours environ. On a calculé cette période par l'examen des taches solaires qui tournent avec lui. En outre, il se transporte vers la constellation d'Hercule (1), avec une vitesse de cent vingt lieues par minute, entraînant le système planétaire entier. Malgré ce double mouvement, le Soleil, qui règle les jours et les années de toutes les planètes, ne connaît lui-même ni jours ni années.

Les planètes se meuvent sensiblement dans le plan de l'équateur solaire; en d'autres termes, l'axe du Soleil est presque perpendiculaire à l'écliptique.

Nous verrons que la distance du Soleil à la Terre n'est pas la même en hiver et en été. La distance moyenne est de 12,000 diamètres terrestres, ou 119 diamètres solaires, ou trente sept millions de lieues (2). Un train express, faisant 50 kilomètres à l'heure, parcourrait cet intervalle en 337 ans; un boulet de canon (500 m. par seconde) en 9 ans et 8 mois; le son (340 m. par seconde) en 13 ans et 9 mois; la lumière le parcourt en 8 minutes 13 secondes, à raison de 77,000 lieues par seconde. La distance exacte a été mesurée par six méthodes différentes, se contrôlant les unes par les autres; l'erreur ne porte que sur les centièmes.

---

(1) On trouvera cette constellation au zénith pendant le mois de juillet, vers neuf heures du soir.

(2) La lieue généralement adoptée dans les ouvrages d'astronomie est la lieue de France de quatre kilomètres.

Le diamètre du Soleil vaut 108 fois le diamètre de la Terre, soit 345,000 lieues (1). Si le Soleil occupait la place de la Terre, centre pour centre, la masse du Soleil engloberait la Lune et s'étendrait encore au-delà de vingt-quatre fois le diamètre de la Terre. (Voyez p. 59). Si la Terre était représentée par un grain de blé, il en faudrait 130 litres pour représenter le Soleil.

La circonférence du Soleil est d'environ un million de lieues, et son volume, 1,300,000 fois le volume de la Terre.

Le centre de gravité du système planétaire et les foyers mathématiques des ellipses des planètes, restent à l'intérieur du corps du Soleil.

La densité du Soleil est quatre fois moindre que celle de la Terre, et un peu supérieure à celle de l'eau. Il en résulte que sa masse n'est pas ce que l'on attend d'un si énorme volume, et ne vaut que 325,000 fois la masse de la Terre, ou 700 fois celle du système planétaire entier.

Tous ces chiffres se déduisent sans peine de : 37 millions de lieues, donc 12,000 diamètres terrestres, et D = 1/4 ; on s'attachera donc seulement à retenir ces trois-là.

A la surface du Soleil, l'attraction est formidable. Un pendule battrait onze ou douze fois plus vite que sur la Terre, car, pour un même pendule, le temps d'une oscillation est en raison inverse de la racine carrée de la pesanteur. Un corps parcourrait, dans la première seconde de chute, 134 mètres (au lieu de $4^{m}90$), et un kilogramme, placé sur une balance à ressort, vaudrait 27 kilogrammes. Un homme moyen, pesant sur le Soleil près de 2,000 kilogrammes, serait, non seulement collé par la pesanteur, mais encore totalement broyé.

Le poids du Soleil règle les mouvements des planètes; s'il était plus lourd, les révolutions devraient être plus rapides, et inversement, pour sauver l'équilibre. En effet, la force centrifuge, d'une part, croît avec la vitesse de rotation, et d'autre part, l'attraction est directement proportionnelle aux masses.

(1) Les nombres que nous indiquons ici sont des chiffres *ronds* ; il importe de donner *une idée* de ces grandeurs, et quelques unités de plus ou de moins compliqueraient la notion sans grand avantage.

Idée de la constitution du Soleil

Les lunettes, protégées par des verres noircis, permettent d'observer des taches à la surface du Soleil; une simple jumelle de théâtre, barbouillée d'encre de Chine, suffit. Même, on distingue les taches à l'œil nu au travers d'un morceau de vitre enfumé. Elles sont connues depuis 1610. Les contours en sont irréguliers, géographiques. Elles semblent grises avec un noyau noir; noir par comparaison bien entendu, car il est encore deux mille fois plus brillant que la pleine Lune. L'intensité de la lumière du Soleil est telle, que l'arc électrique, projeté sur son disque, y fait une tache noire.

Les taches du Soleil se montrent sur une ceinture équatoriale, jamais vers les pôles. Elles apparaissent à un bord, tournent avec l'astre, et disparaissent de l'autre côté après douze ou treize jours. Il en est de dix fois grandes comme la Terre. Quand elles sont nombreuses, la lumière solaire s'affaiblit, mais non la chaleur. Elles durent quelques jours, ou plusieurs mois, changent de forme, grandissent, puis diminuent. Parfois elles affectent la figure de tourbillons circulaires.

Elles semblent atteindre tous les onze ans un maximum, auquel correspond un abaissement de température, de fortes pluies et un redoublement d'intensité dans le phénomène magnétique des aurores boréales.

Voici l'explication que l'on donnait autrefois de ces taches; elle a trouvé accueil dans un grand nombre de traités d'astronomie.

Le Soleil est un corps opaque et sans lumière, avec deux atmosphères : la plus interne opaque, sorte d'écran; la plus externe ou *photosphère*, lumineuse et chaude. Grâce à cet écran, le Soleil, à la rigueur, pourrait être habitable. Une tache, c'est un gouffre qui traverse à la fois les deux atmosphères, plus large dans la zone externe. Le bord gris représente le nuage-écran; le noyau noir, le corps du Soleil lui-même. Le double trou dans les deux couches de nuages est causé par de violentes éruptions gazeuses, et l'ouverture dans la couche externe est naturellement plus large, puisque les gaz se dilatent en s'écartant de la masse solaire.

Mais cette théorie ne peut plus se soutenir; les indications du spectroscope sont formelles : jamais on n'a observé sur les bords du disque une dépression correspondant à une tache, même à une très grande tache, dont on avait suivi la marche jusqu'en ce point. Et puis, le noyau est incandescent et entouré d'une couche gazeuse relativement obscure et plus froide. On considérera donc ce noyau comme un amas de vapeurs étincelantes, en partie condensées par la pression qu'elles supportent. Les nuages qui s'en échappent incessamment y rentrent sous forme de pluies métalliques, d'immenses et sombres tourbillons, les taches. Réellement celles-ci apparaissent, sur les épreuves photographiques par exemple, comme des gouffres creux. Le sens de la rotation des cyclones solaires est inverse de celui qu'on observe sur la Terre. Il faut réserver le nom de photosphère au noyau brillant qui, pour le vulgaire, constitue le Soleil entier.

Autour de la photosphère existent des zones gazeuses dignes de notre attention.

On est aujourd'hui certain de la présence d'une couche permanente d'hydrogène, en dehors de la photosphère solaire; elle se décèle comme un anneau rose pendant les éclipses totales, et elle a reçu le nom de *chromosphère*. Au-delà se rencontrent de nouvelles zones de matières gazeuses, chaudes, nuageuses, mal déterminées, et tout à l'extérieur une *couronne* encore moins connue. On a observé à la surface de l'astre des éruptions d'hydrogène enflammé, qui avaient jusque soixante-quinze mille lieues de hauteur.

Voici les chiffres que donne J. Ch. Houzeau pour les dimensions relatives de ces régions :

Rayon de la photosphère	1000
Épaisseur de la chromosphère	10 à 12
» de l'atmosphère	150 à 180
» de la couronne	350

Le *polariscope* et le *spectroscope* sont de merveilleux instruments d'optique, qui permettent d'analyser la lumière d'une source très lointaine; ainsi l'on peut dire *avec certitude* les éléments chimiques qui se trouvent dans une flamme ; reconnaître s'ils y existent à l'état gazeux ou à l'état de parcelles solides, affirmer si l'objet lumineux se rapproche ou bien s'éloigne ; si la lumière appartient au corps lumineux, ou si elle est seulement réfléchie.

Chacun sait que le rayon solaire, après avoir traversé un prisme de cristal — ou simplement un bouchon de carafe taillé à facettes — donne un *spectre* où se voient toutes les couleurs de l'arc-en-ciel.

Lorsque la source lumineuse est un corps solide incandescent (fil de platine rougi à blanc, lumière de Drummond, bec Auer), le spectre est continu. Si la source lumineuse est une flamme gazeuse (gaz d'éclairage, alcool, avec différentes vapeurs métalliques), on voit seulement dans le spectre quelques bandes étroites lumineuses, dont la couleur et la position sont caractéristiques pour chaque espèce de vapeur métallique. Enfin, quand on reçoit sur le prisme une lumière de la première espèce qui a traversé une flamme de la seconde espèce, on voit dans le spectre coloré autant de raies noires que la flamme produisait de raies lumineuses.

Or, le spectre solaire est à bandes noires. Donc : 1° il y a un noyau incandescent et une atmosphère gazeuse ; 2° la position des raies indique les corps simples qui existent en vapeurs dans cette atmosphère. On a pu former une liste nombreuse des corps simples déjà connus sur la Terre et retrouvés dans le Soleil.

En outre, l'adjonction d'un spectroscope aux lunettes astronomiques permet d'observer, hors du temps des éclipses, quand notre atmosphère est bien pure, la chromosphère du Soleil et les grandes éruptions d'hydrogène.

Par l'emploi du polariscope, pour l'étude duquel nous renvoyons aux traités spéciaux, on voit si la lumière est directe (Sirius, par exemple) ou réfléchie (Vénus, Jupiter). Le bleu du ciel est produit par des réflexions multiples de la lumière solaire.

Enfin on sait qu'on se rapproche ou qu'on s'éloigne d'une source lumineuse, à condition que le mouvement soit suffisamment rapide. Comparez le sifflet des locomotives en marche passant à une note plus grave dès qu'on l'a dépassé.

Le Soleil montre encore de petits points très brillants, mobiles, de courte durée, qu'on nomme *facules*. L'apparition de ces facules cause des perturbations *instantanées* sur l'aiguille des boussoles à la surface de la Terre. La perturbation se produit par conséquent 8 minutes et 13 secondes avant qu'on puisse apercevoir la facule. Ces manifestations lumineuses s'expliquent par la théorie de vapeurs métalliques se condensant, et formant, avec dégagement de chaleur et d'électricité, des combinaisons nouvelles.

LA TERRE

Forme et dimensions. Latitudes et longitudes

La terre est ronde. 1° Quand on voit un navire apparaître en pleine mer, c'est la pointe des mâts qui semble d'abord sortir de l'eau, puis les vergues, et enfin la coque du navire. Si la mer était plate, on embrasserait du premier coup d'œil le navire entier, petit à cause de l'éloignement.

2° On ne voit pas ensemble tous les astres du ciel, mais on en découvre de nouveaux à mesure qu'on voyage à la surface du globe.

3° L'analogie avec les autres planètes que l'on étudie au télescope conduit à la même conclusion.

4° Au XVIe siècle, Magellan accomplit le premier voyage de circumnavigation, et découvrit en 1520 le détroit qui porte son nom; dans les solitudes du Pacifique, il répétait, pour rassurer ses matelots : *On peut faire le tour de la Terre, puisque l'ombre qu'elle projette sur la Lune est ronde.* C'est pendant les éclipses que la Terre porte ombre sur la Lune.

5° Enfin, les images réfléchies à la surface d'une grande nappe d'eau tranquille, le lac de Genève par exemple, se déforment en raison de la courbure de ce miroir naturel. On peut même, d'après la déformation, calculer le rayon de la Terre. L'effet est frappant : on *voit* la rotondité de notre planète, lorsque sur le bord, à Morges, on regarde l'image du clocher de Vevey ou même d'Évian.

La verticale est le prolongement du rayon de la Terre en

chaque lieu. Deux verticales voisines ne sont donc point parallèles. L'autre bout du diamètre terrestre représente le point *antipode*.

La présence, dans toutes les écoles, et à la vitrine de tous les libraires, de globes terrestres de carton a vulgarisé l'idée de la Terre ronde.

La circonférence de la Terre, base du système métrique, vaut 10,000 lieues de quatre kilomètres; ou 9,000 lieues géographiques de vingt-cinq au degré; ou 8,000 lieues belges de cinq kilomètres.

Toutefois, ces mesures sont loin d'être exactes. Le mètre, tel qu'il a été fixé par Delambre et Méchain, sous la première république française, n'est pas la quarante millionième partie du méridien : sur ces 40,000,000 de mètres, il y a plus de deux cents mètres d'erreur. La Terre n'est pas un sphéroïde régulier, même quand on envisage le niveau des eaux; différents méridiens donneraient des grandeurs différentes.

Rappelons que la surface de la Terre a été divisée, pour les facilités de la géographie, par des cercles : 1° les ***méridiens*** ou ***longitudes***, tous égaux entre eux et se coupant aux pôles; 2° les ***parallèles*** ou ***latitudes***, parallèles à l'équateur et entre eux, et de grandeurs décroissantes depuis l'équateur (10,000 lieues) jusqu'au pôle (un point). Les mots latitudes et longitudes ont été mis en usage à une époque où le monde connu s'étendait plus dans le sens est-ouest que dans le sens nord-sud.

Les grands cercles de la sphère sont ceux qui la divisent en deux moitiés égales : l'équateur et tous les méridiens. Ces moitiés s'appellent ***hémisphères***. Chaque méridien divise le globe en hémisphère oriental et hémisphère occidental. Tous les cercles de latitude autres que l'équateur sont des ***petits cercles***, sur lesquels les degrés et leurs subdivisions deviennent de plus en plus petits. L'***horizon*** est la ligne circulaire — quand on se trouve en pleine mer ou sur une haute montagne, ou en ballon — qui sépare la terre du ciel. On donnera en classe l'intuition de l'horizon en piquant une feuille de papier fort au moyen d'une épingle sur le globe terrestre; par exemple en parlant du lever et du coucher des astres. Une zone de la sphère est la portion de la surface comprise entre deux cercles parallèles, par exemple la zone tropicale.

La latitude d'un lieu se compte sur un méridien, depuis 0' à l'équateur jusque 90° à chaque pôle ; elle est australe ou boréale. La longitude se compte sur les degrés d'un cercle parallèle, depuis un premier méridien choisi comme point de départ, jusque 180° de part et d'autre. Elle est orientale ou occidentale. Le premier méridien varie selon les peuples. Les cartes du dépôt de la guerre en Belgique ont adopté le méridien de Bruxelles (Observatoire).

La Terre n'est pas absolument sphérique. Le diamètre d'un pôle à l'autre est plus petit de neuf lieues et demie qu'un diamètre équatorial, soit $\frac{1}{300}$ de sa longueur environ.

La pesanteur est plus grande aux pôles qu'à l'équateur, d'abord à cause de cette plus grande proximité du centre, et surtout parce que la force centrifuge y est nulle. L'aplatissement de la Terre a été constaté nettement en 1735 par la mesure et la comparaison de deux arcs de méridien, l'un sous l'équateur, l'autre sous le 66e parallèle. Les degrés de ce dernier furent trouvés plus longs, comme appartenant à un cercle de plus grand rayon. A cause de la pesanteur plus grande au pôle, une horloge réglée sous l'équateur avance de plus en plus si on la porte vers le nord ou vers le sud.

Les plus hautes montagnes du globe (le Gaurisankar 8 ou 9000 mètres) ne représentent que $\frac{1}{1600}$ du diamètre terrestre ; relief insignifiant, un grain de sable d'un millimètre sur un globe de sept mètres de tour.

La densité de la terre est égale à 5,44, c'est-à-dire beaucoup plus forte que celle des roches que nous trouvons à la surface, et qui n'ont en moyenne que 2,8. Le centre est donc plus lourd ; on en ignore la composition.

Cette densité a été calculée d'après trois méthodes différentes :

1° Déviation d'un fil à plomb par une montagne. Résultat 4,7.

2° Oscillations du pendule au niveau de la mer et au sommet d'une montagne. Résultat 4, 8.

On sait que le temps d'une oscillation varie en raison inverse de la racine carrée de la pesanteur, et que celle-ci diminue en raison inverse du carré de la distance. Tels sont les éléments très délicats du calcul.

3° Balance de torsion; méthode de Cavendish, la plus précise. Résultat 5,48. Le chiffre 5,44 a été trouvé avec un instrument perfectionné par Reich, de Freyberg. Une balance de torsion consiste en ceci :

Supposons deux petites masses de plomb aux extrémités d'une tige rigide, longue et légère, suspendue horizontalement par son milieu à un fil très fin. Si l'on approche de ces masses deux grosses boules de plomb, il y aura attraction, déplacement de la tige horizontale et torsion du fil. On compare l'effort nécessaire pour produire cette torsion à l'attraction de la Terre.

Rotation

La Terre tourne d'occident en orient, ou si l'on veut, le Soleil paraît toujours se lever à l'orient et se coucher à l'occident. Les étoiles et tous les astres au milieu desquels nous sommes placés, semblent aussi se lever à l'orient et se coucher à l'occident, à des heures différentes selon leur position autour de nous. En résumé, les directions orient et occident désignent des points du ciel indéfiniment variés, selon les points occupés par les observateurs.

La Terre tourne sur elle-même d'un mouvement parfaitement uniforme, et elle présente successivement chacun de ses méridiens au Soleil; l'heure de midi fait ainsi le tour du monde une fois par vingt-quatre heures. La ligne des pôles est l'axe de cette rotation. Par heure, la Terre s'avance de quinze degrés de longitude. Telle est la cause des jours et des nuits en chaque pays. Quand il est midi chez nous, il est minuit à la Nouvelle-Zélande, six heures du matin à la Havane, six heures du soir à Calcutta.

Le terme *Univers* (mot à mot : *qui tourne ensemble*) n'est plus exact depuis qu'on affirme au contraire la rotation de la

Terre au milieu des astres. On peut le justifier indirectement si l'on réfléchit que tous les astres ont probablement une rotation propre.

Rappelons ici le mouvement diurne. Il faut maintenant le comprendre étant donné que c'est la Terre qui se meut et non pas le ciel, et savoir quelle apparence prend ce mouvement en différents points du globe.

Pour l'observateur placé au pôle, l'étoile polaire resterait immobile au zénith, et les autres étoiles, gardant leurs distances respectives, paraîtraient tourner en vingt-quatre heures autour de ce centre. Des régions équatoriales, on voit la Polaire très bas dans les brumes de l'horizon, et les étoiles semblent décrire des cercles parallèlement à l'équateur. Dans les lieux intermédiaires, l'apparence du mouvement diurne participe de ces deux effets, plus ou moins, selon les latitudes.

Au pôle, l'observateur décrirait un tour sur lui-même en vingt-quatre heures, sans changer de place. A l'équateur, il est emporté avec une vitesse de 10,000 lieues par jour, soit sept lieues par minute ou 464 mètres par seconde. En Belgique, cette vitesse vaut seulement quatre lieues par minute, le cercle de latitude, c'est-à-dire le chemin parcouru dans le même nombre d'heures, étant plus petit.

Quelque soit le cercle de latitude, un point de la Terre s'avance donc vers l'orient de 360 degrés en 24 heures, soit de 15 en 1 heure, et comme on subdivise degrés du cercle et heure en minutes et secondes, de 15 minutes de degré en 1 minute de temps, de 15 secondes de degré en 1 seconde de temps. Donc avec un bon chronomètre donnant l'heure du premier méridien, et connaissant l'heure du lieu où l'on se trouve, on peut dire la longitude en multipliant la différence par 15. Selon que le chronomètre est en avance ou en retard, on aura longitude orientale ou occidentale. On peut aussi chercher à calculer l'heure de différentes villes selon leur méridien.

La force centrifuge est donc nulle au pôle, maximum à l'équateur où elle détruit $\frac{1}{289}$ de la pesanteur. Si la Terre tournait dix-sept fois plus vite, la pesanteur serait serait nulle à l'équateur.

Les ballons et les oiseaux ne se perdent pas, parce qu'ils sont entraînés, et l'atmosphère avec eux, dans le mouvement de la Terre. Quand un objet tombe dans une voiture en marche, il tombe sur le plancher de cette voiture comme si elle ne se déplaçait pas.

Au contraire, un corps qui tombe *devance* un peu le mouvement de la Terre, et voici pourquoi.

Soit ABCD un puits de mine, dont les dimensions sont exagérées à dessein pour la facilité de la démonstration; O le centre de la Terre, dont le sens de rotation est marqué par deux flèches. Un corps M, abandonné à lui-même, tomberait en P, si la Terre ne tournait pas. Comme la Terre s'avance d'une quantité MN pendant que le corps tombe, et comme le corps, au moment où on le lâche, participe à cette impulsion, il s'avancera pendant sa chute d'une quantité MN vers l'orient. Prenons PR = MN.

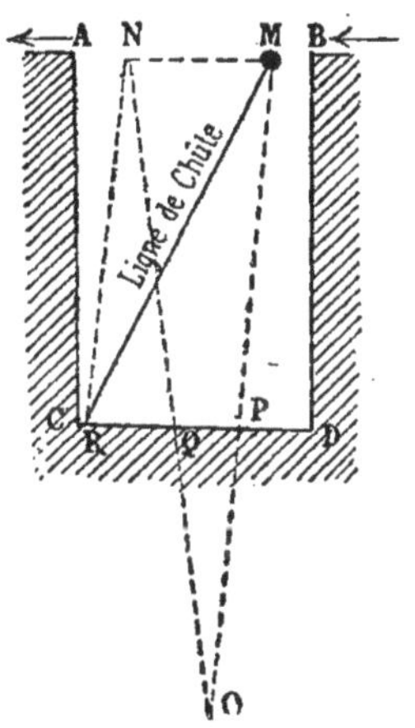

Fig. 3. — Schéma de la chute dans un puits de mine.

Or, pendant ce temps, le point P, le pied de la verticale, a décrit un arc moindre, parce que les arcs sont d'autant plus petits qu'on les prend plus près du centre. Le point P sera donc seulement arrivé en Q lorsque le corps tombera en R.

Ce fait, établi par la théorie et confirmé par l'expérience, dans des puits de mine verticaux d'une grande profondeur, est une démonstration rigoureuse et bien jolie de la rotation de la Terre. En voici une autre :

Si un pendule AM, formé d'une balle pesante M à l'extrémité d'un fil, oscille autour du point A, le plan des oscillations AMM' possède cette propriété de rester invariable quand on fait tourner doucement le support autour de la verticale passant par le point A. Pendant que le pendule se balance dans une première position de la planchette, marquons sur celle-ci, par une ligne, la projection du plan d'oscillation. Après déplacement du support, la masse M continuera à se mouvoir dans le plan primitif, mais la ligne BC tracée sur la planchette fera maintenant avec ce plan un angle droit.

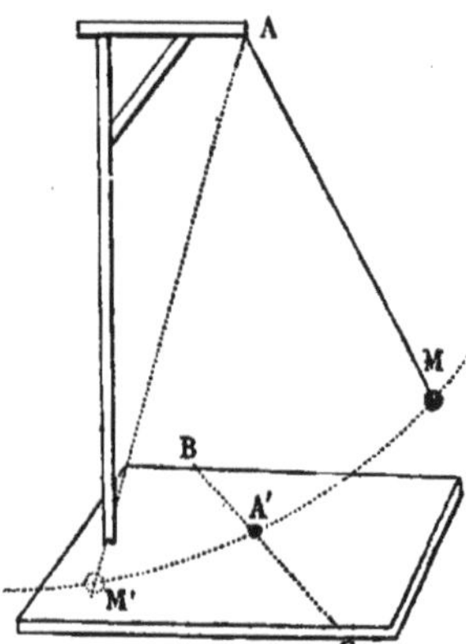

Fig. 4. — Le plan du pendule est invariable.

Pour cette expérience, il est commode, lorsque le pendule est en repos, de marquer dans la planchette le point qui est verticalement en dessous du point A, et d'y enfoncer un clou, dont la pointe passera un peu et servira de pivot.

Or, le plan d'oscillation d'un pendule assez long pour conserver son mouvement pendant plusieurs heures, fixé par exemple à la voûte d'une cathédrale, paraît aussi se déplacer par rapport aux murs du bâtiment, dans le sens des aiguilles d'une montre. Mais en réalité, c'est le bâtiment qui a tourné avec la Terre d'un mouvement direct. L'effet, maximum au pôle, serait évidemment nul à l'équateur. L'expérience, répétée bien souvent depuis, a été exécutée pour la première fois à Paris dans le Panthéon, par Foucault, en 1851. Le Panthéon était alors monument civil; plus tard on en fit une église catholique, Sainte-Geneviève; de nouveau, temple national depuis les funérailles de Victor Hugo, il peut servir d'asile au souvenir de Galilée.

Les conséquences d'un arrêt subit de la rotation de la Terre seraient effroyables. En vertu de la force d'inertie, les océans et tous les corps mobiles s'élanceraient dans l'espace. La chaleur, engendrée par la transformation du mouvement, aurait bientôt fondu et vaporisé le reste. Déjà un boulet de canon, en frappant le blindage de fer d'un navire, retombe chauffé au rouge.

Cercles de la sphère céleste

On appelle *écliptique* — plan des éclipses — le plan dans lequel se meut le centre de la Terre autour du Soleil. Ce plan détermine sur le globe un grand cercle (1) qui porte parfois le nom d'écliptique, mais qu'il est préférable de désigner par ces mots : *la trace de l'écliptique*, pour éviter toute confusion. Sur la sphère céleste, le grand cercle de l'écliptique est invariable.

A cause de la rotation de la Terre sur son axe incliné, la trace de l'écliptique se meut continuellement sur le globe; on ne peut donc représenter ce grand cercle sur une mappemonde qu'en indiquant le moment précis choisi pour le tracer.

Pour désigner la position d'une étoile sur la sphère céleste, on a divisé celle-ci par des cercles, comme la surface du globe terrestre.

Il est évident qu'on ne peut indiquer ici la distance de deux astres autrement qu'en degrés de la circonférence; un mètre, par exemple, a toutes les grandeurs imaginables, depuis 0 jusqu'à l'infini, selon l'intervalle qui le sépare de l'œil. Au contraire, l'angle mesuré en degrés de la circonférence a une grandeur absolument indépendante du rayon du cercle, c'est-à-dire de l'éloignement en profondeur par rapport à nous. Une étoile au zénith et une autre à l'horizon sont distantes de 90°. Le diamètre apparent de la Lune vaut 32' et nous verrons p. 98 que Mizar est éloigné d'Alcor de 11' 50. Cette évaluation ne préjuge ni la distance absolue par rapport à nous, ni l'écartement absolu des points considérés. La ***hauteur*** d'un astre est le nombre de degrés d'arc qui le séparent de l'horizon. Ainsi la hauteur du pôle à Bruxelles vaut 50° 51' 11", et par une construction géométrique fort simple, on prouve que cette hauteur représente toujours la latitude du lieu.

---

(1) On appelle grands cercles de la sphère ceux qui la partagent en hémisphères égaux. Le centre de la sphère est dans leur plan. Ce sont pour la Terre : les méridiens, l'équateur et la trace mobile de l'écliptique.

Supposons le plan équatorial de la Terre prolongé jusqu'à l'infini ; il tracera sur la voûte apparente du ciel un grand cercle qui sera l'*équateur céleste*. L'axe de la Terre, prolongé, déterminera les pôles du ciel. Les grands cercles de la sphère céleste, se coupant tous au pôle, analogues des méridiens terrestres mais immobiles, seront les *cercles de déclinaison* ; on les gradue depuis l'équateur jusqu'au pôle, depuis 0° jusque 90° ; la distance angulaire d'un astre à l'équateur, comptée sur le cercle de déclinaison passant par l'astre, c'est la *déclinaison* de cet astre, analogue à la latitude terrestre, et *australe* ou *boréale* selon l'hémisphère.

Parallèlement à l'équateur sont tracés des cercles parallèles : tous les astres situés sur chacun d'eux ont la même déclinaison.

Chaque demi-cercle de déclinaison, s'étendant d'un pôle à l'autre, coupe l'équateur en un point. L'équateur lui-même est partagé en 360°, le 0° étant inscrit à l'équinoxe du printemps, ou au point vernal que le Soleil semble occuper le 21 mars ; et la progression se marquant d'occident en orient. Ces degrés correspondent aux longitudes terrestres, mais la graduation est différente. Chaque demi-cercle de déclinaison peut ainsi se reconnaître des autres, par la division qu'il coupe sur l'équateur ; le nombre de degrés compris entre le 0° de l'équateur et le point coupé par le cercle de déclinaison, c'est *l'ascension droite* de ce cercle ; tous les astres situés sur un même cercle de déclinaison ont la même ascension droite.

C'est l'ascension droite qui donne l'heure du passage d'un astre au méridien ; c'est la déclinaison qui marque sa hauteur au-dessus de l'horizon ou sa distance du pôle. Les cercles de déclinaison s'appellent encore *cercles horaires*, marquant les heures des points de la Terre à mesure que ceux-ci y défilent.

Quand on connait l'ascension droite et la déclinaison d'un astre, on peut en retrouver aisément la position sur la sphère céleste.

Les déclinaisons et les ascensions droites des étoiles ne varient pas. L'ascension droite du Soleil augmente à partir du 21 mars, pendant un an, depuis 0° jusque 360° ; la marche est d'environ

1° par jour. La déclinaison de cet astre, pendant six mois boréale (été de notre hémisphère), et pendant 6 mois australe, atteint comme limite extrême, de part et d'autre de l'équateur, 23° 27'; aux équinoxes, elle est nulle. Elle serait toujours nulle, si l'axe de la Terre était perpendiculaire à l'écliptique.

Le *plan méridien* perpendiculaire sur l'écliptique, renferme le rayon vecteur de la Terre et se déplace avec celui-ci. Aux solstices, il renferme en outre l'axe de la Terre; aux équinoxes, il fait avec cet axe un angle de 23° 27'.

Tous les cercles de longitude de notre globe défilent en 24 heures et traversent le plan méridien une fois à midi et une fois à minuit.

Les *longitudes* et les *latitudes célestes* se comptent en prenant comme base d'opération le plan de l'écliptique, et le grand cercle que ce plan prolongé trace sur la sphère du ciel. Autour du pôle de l'écliptique, le pôle fixé par le prolongement de l'axe terrestre semble décrire en 26,000 ans, ce qui, nous le verrons plus loin, amène la *précession*, un cercle ayant 23° 27' de rayon. Et réciproquement. Les degrés de longitude se lisent sur le cercle de l'écliptique, de 0° (équinoxe du printemps) à 360°; les degrés de latitude, sur un cercle passant par le pôle de l'écliptique. Cette graduation n'a donc pas de rapport avec les longitudes et les latitudes terrestres.

La latitude du Soleil est toujours égale à 0°; sa longitude passe en un an de 0° (21 mars) à 360°.

Révolution de la Terre

L'axe de la Terre, qui reste toujours parallèle à lui-même, est incliné de 66° 33' sur l'écliptique. En d'autres termes, l'équateur et l'écliptique font un angle constant de 23° 27'.

Le *rayon vecteur* de la Terre, ou d'une planète en général, est la ligne idéale qui joint le centre du Soleil au centre de la planète et qui se meut avec celle-ci à mesure de la révolution.

Le plan de l'équateur terrestre (fig. 5) coupe le plan de l'écliptique suivant une droite F E qui s'appelle la ***ligne des équinoxes.*** La ligne C D perpendiculaire à celle-ci se nomme la ***ligne des solstices.*** Ces deux lignes sont absolument indépendantes des axes de l'ellipse; CD ne se confond avec le grand axe AB que pendant un instant très court et à de longs intervalles, comme nous le verrons bientôt.

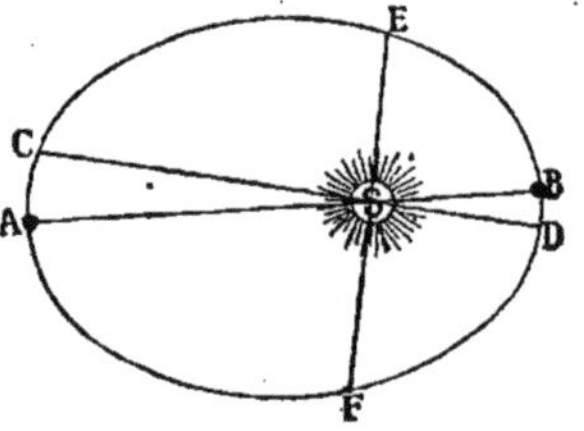

Fig. 5. — Lignes des équinoxes et des solstices. Grand axe de l'ellipse.

La Terre parcourt son orbite géante avec une vitesse moyenne de 404 lieues par minute, ou de 6 lieues et $\frac{7}{10}$ par seconde. Si elle s'arrêtait, elle tomberait sur le Soleil, d'abord lentement, puis de plus en plus vite, et elle l'atteindrait en soixante-quatre jours.

En réalité, elle tombe sur le Soleil, continuellement, et voici pourquoi : sans l'attraction, la Terre filerait par une tangente, à chaque instant; cette tangente est hors de l'ellipse, elle s'en éloigne de plus en plus. Après une seconde de mouvement, supposons un rayon vecteur partant du Soleil; ce rayon rencontrera d'abord l'ellipse, puis plus loin la tangente. La partie du rayon comprise entre l'ellipse et la tangente représente la quantité dont la Terre est tombée sur le Soleil en une seconde.

Nous avons dit que la forme de l'orbite était une ellipse, courbe à deux centres ou foyers. Le Soleil, plus exactement le centre de gravité du système planétaire entier, se trouve en un de ces foyers, en S par exemple ; l'autre foyer n'est pas occupé.

Le point A se nomme l'***aphélie***, de deux mots grecs qui signifient ***loin du Soleil;*** le point B est le ***périhélie (près du Soleil)***. Il est bien entendu que l'aplatissement de l'ellipse a été exagéré dans la figure ci-dessus; tracée dans ses proportions justes, l'ellipse terrestre ne se distinguerait pas aisément du cercle; son excentricité vaut $\frac{17}{1000}$ du grand axe.

Les étoiles sont si loin, que ce grand déplacement de la Terre (de A en B, 74 millions de lieues) n'altère pas sensiblement leurs positions respectives. De même, un homme placé au milieu d'une immense plaine nue, et s'avançant de quelques mètres, ne verra pas les arbres de l'horizon modifier leurs distances apparentes.

Saisons. Inégalité des jours

Suivons maintenant la Terre dans une de ses révolutions autour du Soleil. Prenons comme point de départ le 21 juin, qui est pour nous le plus long jour de l'année.

Soient S le Soleil, PP la ligne des pôles de la Terre, dans quatre positions différentes (et parallèles), EE le cercle de l'équateur. (Fig. 6.)

Au 21 juin, solstice d'été, le pôle nord est éclairé jour et nuit, le pôle sud est obscur. Le Soleil à midi brille pour nous plus haut au-dessus de l'horizon qu'aucun autre jour de l'année; environ à 27° et demi du zénith.

Au 21 septembre, équinoxe d'automne, les jours sont égaux aux nuits sur toute la Terre. Le pôle nord entre dans la nuit, le pôle sud dans la lumière. Le Soleil pour chaque point de la Terre passe au-dessus de l'horizon à la hauteur moyenne (été-hiver) correspondant à ce point.

Au 21 décembre, solstice d'hiver. Pour nous, c'est le jour le plus court de l'année, le jour où le Soleil à midi est le plus bas sur l'horizon, au-dessus duquel il ne s'élève que de 15° et demi environ. Pour l'hémisphère austral, au contraire, c'est le jour le plus long, celui où le Soleil à midi passe le plus haut dans le ciel. Les saisons sont donc inverses dans les deux hémisphères : nous avons l'hiver quand l'Australie a l'été.

Au 21 mars, équinoxe de printemps, de nouveau les jours sont partout égaux aux nuits. Le pôle nord entre dans la lumière et le pôle sud dans la nuit. Comme au 21 septembre, le centre du Soleil, les deux points où l'équateur coupe l'écliptique, et le centre de la Terre sont en ligne droite. Comme au 21 septembre, le Soleil semble parcourir en un jour l'équateur céleste. Entre le

21 juin et le 21 décembre, il voyage de l'un à l'autre tropique, limites extrêmes de ses balancements.

Il faut se garder de confondre *saison* et *climat*. Le premier mot désigne le changement de température dans un même pays, selon que le Soleil est plus ou moins haut à midi sur l'horizon; le second se rapporte aux différences observées entre plusieurs points du globe, et il embrasse l'ensemble des saisons.

Parce que le Soleil passe tantôt plus haut, tantôt plus bas sur l'horizon, il ne se lève et ne se couche pas toujours au même point. Le lever et le coucher du Soleil chez nous ne correspondent à l'orient et à l'occident géographiques qu'aux équinoxes; ils sont plus rapprochés du sud tous les deux si le Soleil est plus bas, et du nord s'il est plus haut.

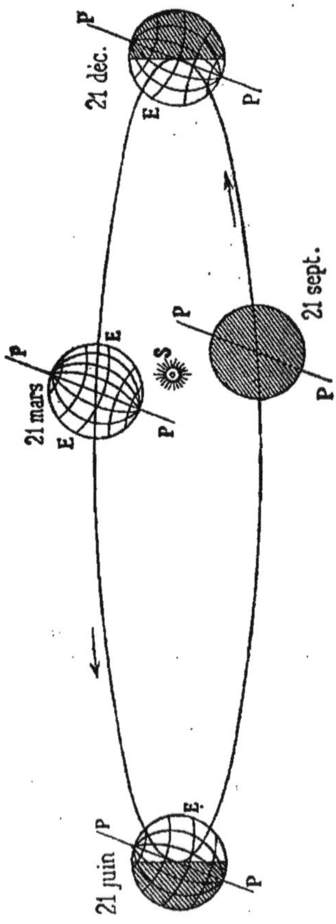

Fig. 6. — Les saisons et l'inégalité des jours.

Et si l'on habite une grande plaine, ou un lieu élevé, on peut fixer dans le sol une table de marbre horizontale et y tracer par l'observation l'instructive figure 7.

Soit l'observateur en C; pour mieux préciser on marquera un point au centre de la table. Le 21 juin le Soleil se lève en A, à l'horizon; on marquera sur la table la ligne CA. Et ainsi de suite. La ligne EO, ou est-ouest, sera tracée comme les autres. La ligne NS, ou nord-sud, sera perpendiculaire à la ligne des équinoxes. Le Soleil parcourt

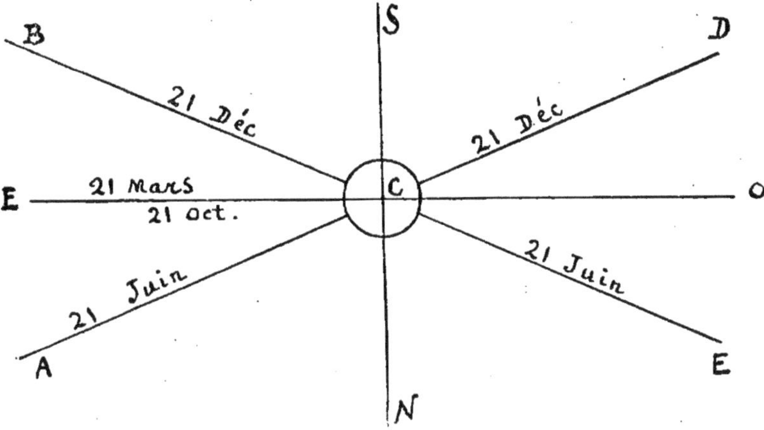

Fig. 7. — Inégalité des jours en Belgique.

au maximum l'arc ABSDE, et au minimum l'arc BSD. L'angle ACB vaut dans notre pays 2 × 23°27.

Elisée Harroy (1) a démontré que les cromlechs, cercles d'énormes pierres contemporains des dolmens, représentaient la figure que nous venons de tracer sur la table de marbre. Ce furent les premiers calendriers, et les premiers observatoires astronomiques.

A et E sont les points extrêmes que le Soleil ne dépasse jamais et qu'il n'occupe qu'un seul jour; après quoi, chaque matin il se lève à droite du point précédent, déplacé d'une distance égale environ à son propre diamètre.

Cause de la chaleur

En hiver, la Terre est plus proche du Soleil qu'en été de quatre cents diamètres terrestres, environ 1,260,000 lieues, et le dia-

(1) Cromlechs et dolmens de Belgique. Namur, chez Lambert de Roisin.

mètre apparent du Soleil est plus grand. Mais il fait plus froid, d'abord en raison de cette loi physique : les rayons de chaleur qui tombent sur un corps sont d'autant mieux absorbés qu'ils sont plus perpendiculaires; les rayons obliques sont réfléchis, renvoyés dans l'espace, perdus pour nous. Ensuite parce que les jours sont beaucoup plus courts que les nuits.

Le mouvement des astres étant plus rapide près du Soleil, la vitesse de la Terre s'accélère en hiver et les deux saisons froides, du 21 septembre au 21 mars, sont plus courtes d'une semaine que les saisons chaudes. L'inverse a lieu dans l'hémisphère austral. Et ceci parce que le solstice d'hiver est proche du périhélie et le solstice d'été voisin de l'aphélie. Voisin, pas identique; en effet, si les points A et B de la figure 5 représentent aphélie et périhélie, on aura C solstice d'été; D solstice d'hiver; E équinoxe du printemps; F équinoxe d'automne (p. 32).

On peut tirer de ce fait des conséquences énormes. Le pôle sud ainsi refroidi a vu se former une immense calotte de glace, qui a attiré par sa masse l'eau des océans. De là vient que les continents semblent groupés autour du pôle nord. On verra bientôt (3e mouvement de la Terre) la suite de cette ingénieuse théorie.

L'atmosphère qui nous entoure joue un rôle considérable dans beaucoup de phénomènes astronomiques. Nous savons déjà qu'elle donne au ciel sa couleur bleue. Grâce à elle, par un effet de réfraction, nous voyons le Soleil le matin un peu plus tôt, et le soir un peu plus tard, bien qu'il soit réellement en dessous de l'horizon. Par l'atmosphère, les objets sont éclairés de lumière douce, et de toutes parts, au lieu de présenter des ombres et des reflets durs. (Perspective aérienne).

Par elle enfin nous emmagasinons la chaleur solaire. Les espaces interplanétaires sont excessivement froids. L'air produit pour nous un effet analogue au vitrage d'une serre : la chaleur lumineuse le traverse et entre; la chaleur obscure qui se produit ne sort pas et s'accumule. Il est possible que les planètes lointaines possèdent une atmosphère multiplicatrice de la chaleur et de la lumière.

Les rayons du Soleil traversent l'espace sans l'éclairer ni l'échauffer, aussi bien la nuit que le jour. La Lune et les planètes *voient* parfaitement le Soleil et en réfléchissent la lumière pendant la nuit. Celle-ci est un accident restreint à une partie de la Terre seulement, ou des planètes.

La Terre ne reçoit que $\frac{1}{227.000.000}$ de la chaleur totale du Soleil.

L'aurore et le crépuscule sont dûs à la lumière solaire que nous renvoient les hautes régions de l'atmosphère, encore éclairées quand la surface de la Terre est dans la nuit. L'air pur des régions tropicales produit une aurore et un crépuscule très courts. Dans nos courtes nuits aux environs du 21 juin, ces deux lueurs se rejoignent et nous n'avons pas de véritable nuit.

Cercles polaires et tropiques

Soient P P les pôles de la Terre, O son centre, E E l'écliptique, T T l'équateur. Parmi les cercles de latitude ou les parallèles, quatre, symétriques deux à deux, ne sont pas, comme les autres,

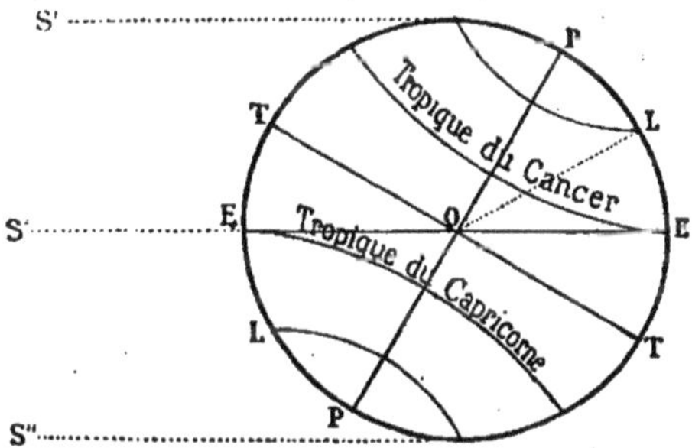

Fig. 8. — Cercles polaires et tropiques.

de pure convention, mais se trouvent fixés par l'inclinaison de l'axe terrestre sur l'écliptique. On les appelle cercles polaires et tropiques.

Les premiers, désignés par la lettre L, sont à une distance des pôles telle, que l'arc P L ou l'angle POL vaut 23° 27'; les tropiques se trouvent à la même distance de l'équateur, et l'arc TE ou l'angle TOE vaut aussi 23° 27'.

Ceci compris, voyons les propriétés remarquables des uns et des autres.

Le Soleil est assez éloigné pour que ses rayons puissent être considérés comme parallèles d'un pôle à l'autre de la Terre. Ainsi, dans la situation de la figure ci-contre (au 21 décembre), les rayons S, S' et S'' sont parallèles entre eux.

Les cercles polaires forment la limite de la zone d'où l'on voit le Soleil à midi au solstice d'hiver, et le Soleil à minuit au solstice d'été.

Ils sont tangents aux rayons vecteurs des solstices pendant un instant, les deux cercles au même moment, mais inclinés l'un vers l'astre, l'autre en sens opposé. Des cercles polaires, on ne reste jamais un jour sans apercevoir le Soleil, mais la longueur des jours varie depuis quelques minutes jusque vingt-quatre heures.

Les cercles des tropiques marquent la limite de la zone où le Soleil frappe la Terre perpendiculairement au moins un jour par an, ou deux jours, à midi. Quand le Soleil est au zénith, un fil à plomb ne donne pas d'ombre et le fond d'un puits vertical est éclairé tout entier; ou, par définition géométrique, le centre du Soleil, le centre de la Terre et le point considéré sont sur une même ligne droite.

Entre les cercles des tropiques, les jours sont à peu près égaux aux nuits pendant toute l'année. La différence du jour le plus long au jour le plus court est seulement de trois heures sur le tropique, tandis qu'elle est en Belgique de plus de huit heures. Sur l'équateur, cette différence est nulle.

Au pôle, il n'y a par an qu'un jour de six mois et une nuit de même durée.

Les cercles tropiques affleurent la trace de l'écliptique sur le globe, en toute heure et en toute saison, mais en des points variables de ces cercles selon l'heure et la saison.

Les points compris entre les tropiques ne traverseraient jamais l'écliptique, si la Terre ne tournait pas sur elle-même. Comme elle tourne, ils défilent successivement, entraînés parallèlement aux cercles de latitude, et ils traversent l'écliptique, une fois dans un sens et une fois dans l'autre, toutes les vingt-quatre heures. Les points en dehors des cercles tropiques ne traversent jamais l'écliptique.

Le rayon vecteur de la Terre ne coupe jamais les cercles de latitude hors des tropiques. Lorsqu'un rayon vecteur coupe un parallèle, entre les tropiques, alors tous les pays situés sur ce parallèle reçoivent successivement, en vingt-quatre heures, un rayon de Soleil perpendiculaire, à mesure du mouvement de rotation de la Terre. Mais à cause de la révolution, les heures midi et minuit, points de rencontre du rayon vecteur avec ce parallèle, ainsi que toutes les autres heures, se déplacent un peu le long de leur cercle et décrivent un tour exactement chaque année; nous verrons que la révolution rend les jours plus longs et que sans la révolution, il y en aurait un de plus par an.

Au moment des équinoxes, et deux fois par an, c'est l'équateur qui défile dans le rayon de Soleil perpendiculaire; au moment des solstices, c'est l'un ou l'autre tropique, une fois l'an seulement pour chacun d'eux.

La suite des points où le Soleil est perpendiculaire à midi, ou si l'on veut, la trace du rayon vecteur sur le globe, décrit une spirale très fine entre les deux tropiques pendant six mois, et une deuxième spirale qui croise la première pendant six autres mois. Les spires sont distantes de seize kilomètres environ.

Tous les rapports et alignements exposés dans ce chapitre seront plus facilement compris si le lecteur a devant lui une de ces machines dites *géocycliques* qui se trouvent dans les écoles — ou au moins un globe terrestre monté sur axe oblique (à 23° 27 de la verticale).

Ombres portées

Entre les tropiques, l'ombre d'un bâton vertical à midi est dirigée pendant six mois vers le sud, pendant six mois vers le nord, et elle reste toujours très courte. Deux fois par an, elle est nulle.

Sur les cercles des tropiques, l'ombre est toujours dirigée du côté opposé à l'équateur, et nulle un jour par an, au solstice d'été correspondant. Elle est toujours courte. Aux solstices, tous les points d'un tropique ont successivement minuit, quand les points antipodes de l'autre ont midi.

Sur l'équateur, l'ombre à midi est nulle aux équinoxes.

Entre les cercles polaires et les tropiques, l'ombre est toujours allongée du côté opposé à l'équateur. Elle est plus ou moins longue selon la saison et la latitude. Ainsi l'ombre d'un bâton vertical d'un mètre vaut $3^{m}595$ le 21 décembre et $0^{m}518$ le 21 juin, sous la latitude de Bruxelles à midi.

Sur les cercles polaires, un jour par an, au solstice d'été correspondant, l'ombre décrit un tour complet en 24 heures et reste très allongée. Ce tour devient un secteur dans les semaines qui suivent, un secteur dont l'amplitude diminue de jour en jour pendant six mois; de sorte qu'au solstice d'hiver, le Soleil apparaissant à midi pendant quelques minutes seulement, l'arc du secteur est réduit à un très petit nombre de degrés.

A l'intérieur des cercles polaires, la rotation de l'ombre se continuera un nombre de jours d'autant plus considérable qu'on s'avancera plus près du pôle. Au pôle même, la rotation de l'ombre durerait six mois, le temps que le Soleil reste au-dessus de l'horizon et la forme de l'aire ombrée serait elliptique, le Soleil étant plus haut sur l'horizon à midi et plus bas à minuit.

Et pendant ce temps, un piquet planté en terre pourrait servir d'horloge, en supposant les 24 heures du jour inscrites en cercle sur le sol.

Si l'axe de la Terre n'était pas incliné, les jours et les nuits seraient partout égaux; il n'y aurait ni tropiques, ni cercles polaires, ni saisons; le rayon vecteur passerait toujours par l'équateur, les deux pôles seraient éternellement éclairés, à la fois, par un Soleil très bas sur l'horizon; et la chaleur des climats irait en croissant régulièrement du pôle vers l'équateur.

Cadrans solaires

La construction d'un cadran solaire constitue un passe-temps à la fois agréable et instructif.

Le plus simple est le cadran équinoxial.

Supposons une tige parallèle à l'axe de la Terre — donc se confondant avec cet axe puisque le rayon terrestre est négligeable en comparaison de la distance du Soleil à la Terre. Supposons un plan perpendiculaire à cet axe, donc parallèle à notre plan équatorial, donc par rapport au Soleil se confondant avec ce plan. Matériellement ce plan sera une ardoise, ou une tranche de marbre, ou une feuille de métal.

Du pied de l'axe comme centre, traçons sur l'ardoise une circonférence, et partageons celle-ci en 24 arcs de 15°. Comme le Soleil parcourt en une heure 15°, il suffira de placer une de ces divisions dans l'ombre de l'axe à midi juste pour avoir de part et d'autre les heures d'avant et d'après-midi. Le point midi de l'ardoise, l'ombre de l'axe et l'axe lui-même se trouveront à midi dans le plan méridien.

Mais le Soleil reste six mois d'un côté de l'équateur et six mois de l'autre côté. Les deux faces de l'ardoise devront par conséquent être graduées, et un tel cadran sera peu commode. Passons immédiatement au cadran solaire horizontal.

Sur un plan horizontal en effet, l'ombre de l'axe sera visible toute l'année. Mais les angles décrits en des temps égaux ne seront plus de 15°; ceux du soir et du matin seront plus grands que ceux de midi; une construction géométrique très simple va nous les indiquer. Traçons-la d'abord sur une grande feuille de papier à dessiner.

Sur une ligne indéfinie MN j'élève une perpendiculaire OA en rapport avec la dimension du papier et par le point A je tire une parallèle à MN. Soit l'angle AOT = latitude du lieu, pour la Belgique 50° 30'. De A j'abaisse sur OT une perpendiculaire AT, qu'on appelle le sinus de la latitude.

Soit OA prolongé, et AG = AT. Du centre G je décris une

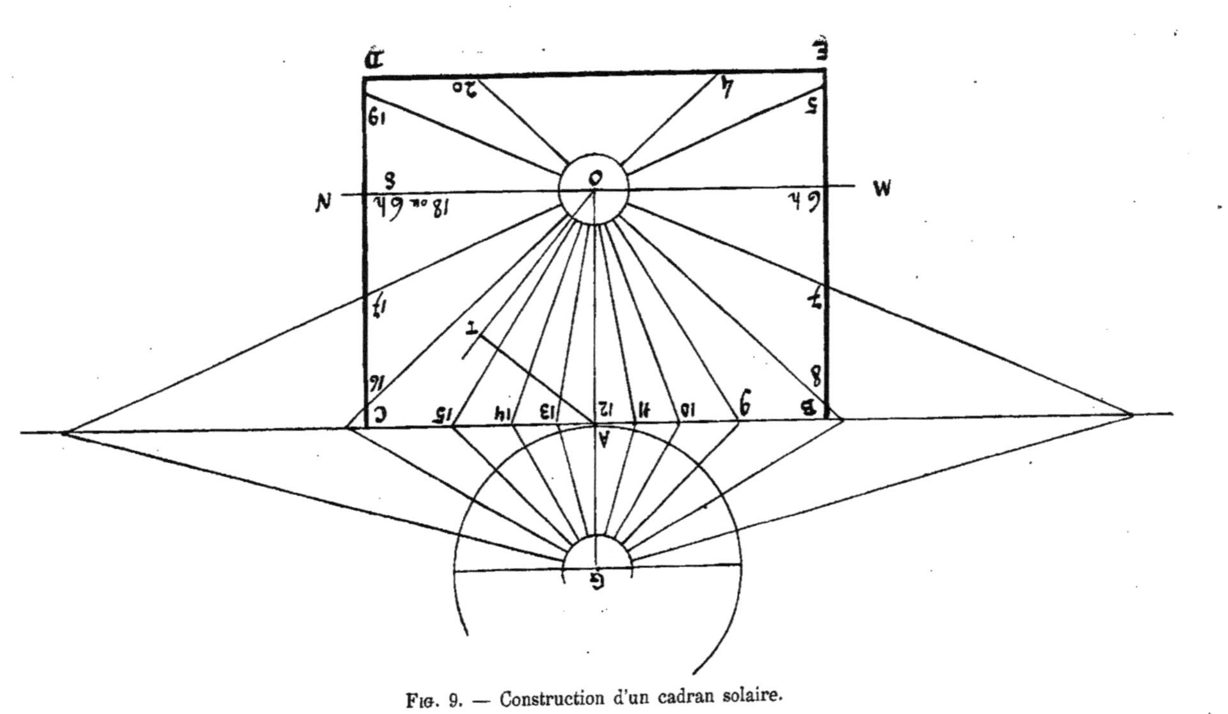

Fig. 9. — Construction d'un cadran solaire.

circonférence qui sera donc tangente à BC au point A, et je la divise en arcs de 15° à partir de A. Joindre G à chacun des points de division et prolonger jusqu'à la rencontre de BC, puis joindre chacun des nouveaux points à O, pied de la tige qui portera ombre.

Il ne reste plus qu'à inscrire les heures, comme on le verra sur la figure; 4 et 5 heures du matin, 19 et 20 heures du soir s'obtiennent en prolongeant en dessous de MN respectivement les lignes de 16, 17, 7 et 8 heures.

Pour les demi-heures, il faudra diviser en deux arcs égaux les arcs de 15° de la circonférence G et procéder par des constructions analogues à celles des heures.

Si l'on suppose par la pensée l'ensemble des plans d'ombre également espacés de 15° dans le cadran solaire équinoxial, la figure que nous venons d'obtenir sera la coupe de cet ensemble par le plan horizontal de notre papier. On comprend l'influence de la latitude et de notre angle de 50° 30'. Au pôles de la Terre, le cadran solaire horizontal se confond avec le cadran équinoxial.

Le tracé que nous avons obtenu convient pour tous les pays situés sur le même parallèle.

Il reste à découper dans le papier un rectangle BCDE égal à notre table de marbre, puis à transporter bien exactement la gravure sur la pierre.

Pour fixer l'alignement OAG, qui est le méridien, nous avons plusieurs procédés :

1° La boussole, en tenant compte de la déclinaison.

2° L'heure civile, à l'une des quatre dates où elle se confond avec l'heure solaire.

3° Si dans une grande plaine, ou sur une haute montagne on peut observer exactement le lever et le coucher du Soleil d'un même jour, prendre la ligne d'ombre bissectrice de l'angle compris entre les lignes d'ombre du soir et du matin.

Au point O nous pouvons fixer une tige qui fasse avec le plan de la table un angle de 50° 30', et qui se trouve dans le plan OA perpendiculaire à la table.

Mieux : un triangle en cuivre, semblable au triangle OAT,

dont l'angle en O vaudra 50° 30′ et dont le plan sera perpendiculaire à la table.

Si l'on veut, au bout de la tige ou au sommet du triangle on fixera une petite plaque percée d'un trou, ce qui donnera sur le cadran une tache lumineuse beaucoup plus précise que l'ombre du triangle lui-même.

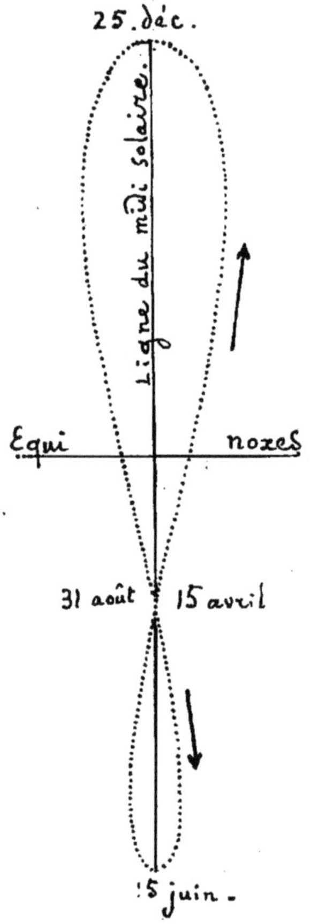

Fig. 10. — Equation du temps.

Il est possible par d'autres constructions géométriques de tracer des cadrans solaires sur des murs verticaux alignés exactement est-ouest (cadrans non déclinants), ou sur des murs verticaux quelconques (cadrans déclinants).

L'observation par le cadran solaire est d'autant plus exacte que la distance OA est plus considérable. Dans la grande salle de l'Observatoire de Paris, cette méridienne dépasse 31 mètres de longueur, et l'ouverture par laquelle entre le rayon solaire est à 10 mètres au-dessus du sol ; dans l'église St-Sulpice, l'ouverture se trouve à 16 mètres au-dessus du pavement, et la méridienne est figurée par une barre de cuivre encastrée dans les dalles et traversant toute la largeur de l'édifice.

Les cadrans solaires marquent naturellement l'heure solaire, l'heure vraie, et d'une marche inégale selon les saisons. Mais si chaque jour on pointe sur la table du cadran la tache claire du soleil au moment exact où l'heure civile sonne midi, le total des points en une année formera une sorte de 8 très allongé. Cette intéressante figure de l'équation du temps montrera les 4 dates où l'heure solaire coïncide avec l'heure civile, et la hauteur du Soleil au-dessus de l'horizon aux différents moments de l'année ; en outre, on peut y inscrire les mois, les saisons, les constellations du Zodiaque correspondant à chaque mois.

Notre horloge devient ainsi un véritable calendrier. Même si par la grossièreté de la construction matérielle, les résultats obtenus n'ont pas une rigoureuse exactitude, nous engageons vivement le lecteur à établir un cadran solaire; d'abord c'est très amusant, et puis c'est le moyen de comprendre et de retenir!

Zodiaque

Ce terme vient d'un mot grec qui signifie *animal*.

Le cercle ou l'*anneau* du Zodiaque a formé notre *année*, et

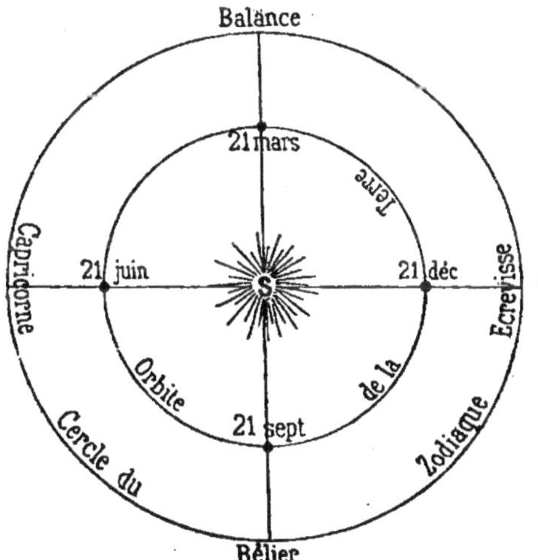

Fig. 11. — Voyage du Soleil autour du Zodiaque.

des douze constellations sont nés les douze mois. Les anciens

Egyptiens et après eux les Grecs et les Romains reconnaissaient douze grands dieux.

En prolongeant indéfiniment le plan de l'écliptique, on rencontre un certain nombre de constellations, ou groupes d'étoiles, dont la plupart sont peu brillantes. C'est le cercle que le Soleil paraît à nos yeux parcourir en un an, le Zodiaque, connu dès la plus haute antiquité.

En réalité, la Terre se déplace autour du Soleil; donc le Soleil se projette successivement à nos yeux sur différents points de l'horizon, que nous comparons à un tableau immobile. Ce mouvement apparent est direct.

Les constellations zodiacales, les douze maisons du Soleil, sont les suivantes :

Bélier (soleil au 21 mars)	♈	Balance (21 septembre)	♎
Taureau	♉	Scorpion	♏
Gémeaux	♊	Sagittaire	♐
Ecrévisse ou Cancer (21 juin)	♋	Capricorne (21 décembre)	♑
Lion	♌	Verseau	♒
Vierge	♍	Poissons	♓

Les cercles des tropiques ont reçu le nom des constellations où se trouve le Soleil au moment du solstice correspondant; le tropique du Cancer est donc de notre côté; le tropique du Capricorne dans l'autre hémisphère.

Parce que le Soleil voyage ainsi dans les constellations zodiacales, l'heure du lever et du coucher d'une étoile donnée varie selon l'époque de l'année. Quand le Soleil est dans le Bélier, c'est la Balance qui passe vers minuit au méridien et réciproquement. Comme il y a douze constellations zodiacales, elles se lèvent chacune à une heure différente pendant une rotation complète de la Terre; de là, une première division en douze. Ces intervalles ayant paru trop longs, furent chacun partagés en deux, et l'on eut 24 heures, dont douze de jour et douze de nuit.

Autres mouvements de la Terre

Outre la rotation et la révolution, mouvements auxquels nous donnerons les numéros 1 et 2, la Terre en offre un certain nombre d'autres, excessivement intéressants.

Tous ces mouvements peuvent êtres vus dans le ciel. Ainsi la rotation, le premier qui a dû frapper l'observation des premiers hommes, se traduit par le lever et le coucher du Soleil et de tous les astres. La révolution, qui sans doute a été découverte en second lieu, produit le voyage du Soleil dans les constellations zodiacales et les différentes apparences du ciel étoilé selon les saisons de l'année. En outre, à cause de la révolution, les étoiles paraissent décrire en un an de petites ellipses, d'autant plus aplaties qu'on prend des étoiles plus rapprochées du Zodiaque. C'est ce qu'on nomme l'*aberration*, moins facile à constater.

3° Nous avons dit que l'axe de la Terre restait toujours parallèle à lui-même ; ce n'est pas absolument exact. En réalité, la ligne des pôles, axe de la planète, tourne lentement, le centre de la Terre demeurant fixe, et cet axe décrit deux cônes opposés par la pointe. Si l'on oublie momentanément le 2e mouvement de la Terre, à cause de ce 3e l'axe fait néanmoins avec l'écliptique un angle constant de 66°33′. Le mouvement est inverse. Il met à s'accomplir 26,000 ans ; on appelle ce laps la *grande année*.

Nous verrons dans un instant que la base de cette surface conique n'est pas un cercle, mais une courbe compliquée par de nombreuses oscillations.

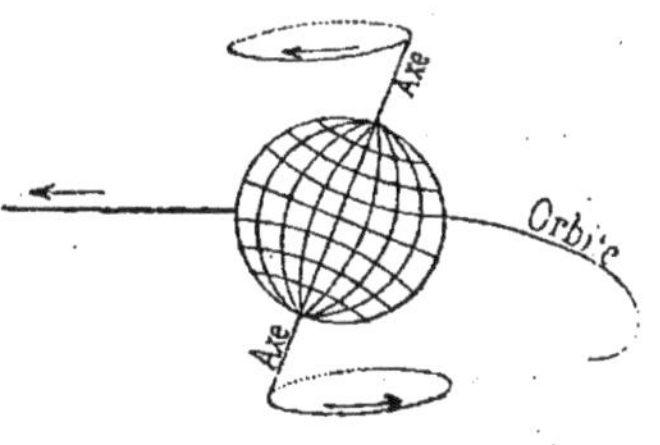

Fig. 12. — Précession des équinoxes.

Une toupie d'écolier exécute naturellement cette évolution. Si elle tourne vivement sur sa pointe (rotation) en inclinant son axe OP, ledit axe décrira un cône lentement en sens inverse. L'angle POE ne se modifiera que si la rotation se ralentit. Le sol représente ici l'écliptique, le point O le centre de la Terre, le point P le pôle nord. La ligne OP vise successivement différents points du plafond, qui figure le ciel.

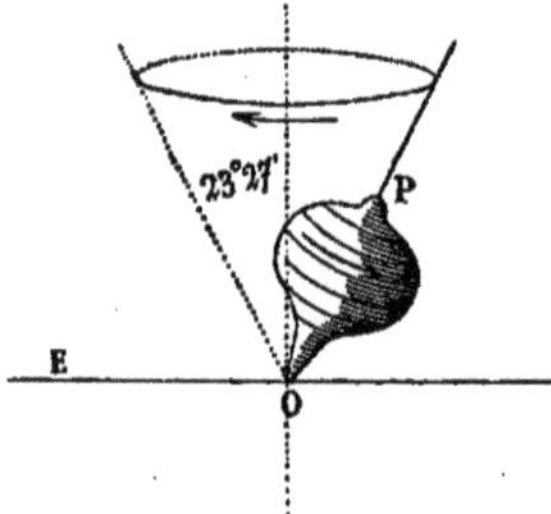

FIG. 13. — Démonstration par la toupie.

L'équateur, invariablement lié à la ligne des pôles, accompagne celle-ci dans ses déplacements. Sans la giration de l'axe, la ligne des équinoxes demeurerait rigoureusement parallèle à elle-même, et elle rencontrerait le centre du Soleil chaque fois que la Terre aurait accompli exactement une demi-révolution. La ligne des solstices, invariablement liée à celle des équinoxes, viserait aussi constamment les mêmes étoiles. Mais la ligne des équinoxes suit l'axe terrestre dans son mouvement circulaire, et elle décrit, d'un mouvement rétrograde aussi, un tour complet dans le même temps, visant successivement tous les signes du Zodiaque.

Il en résulte que l'équinoxe arrive un peu plus tôt chaque année (20'20") que si la giration de l'axe terrestre ne s'exécutait pas. En même temps, l'étoile polaire semble se déplacer. Dans 12,000 ans, une autre étoile brillante, Wéga, paraîtra sur le prolongement de l'axe terrestre. Il est donc aisé de voir ce mouvement dans le ciel; en effet, le pôle se meut et décrit un cercle d'un mouvement inverse en 26,000 ans. Ce déplacement peut être noté par les instruments dans la vie d'un homme; l'histoire l'a enregistré. En même temps, la partie de la sphère céleste visible toute l'année et à toute heure (cercle de perpétuelle apparition) change; et autour de l'horizon de nouvelles constellations deviennent visibles ou se cachent pour des périodes d'une centaine de siècles. Autrefois Sirius et la constellation d'Orion ont appartenu à l'hémisphère austral; il y a un peu plus de huit mille ans que les habitants de la Belgique voient Sirius, et dans quatre ou cinq mille ans, on ne pourra plus le voir en hiver sur l'horizon de Bruxelles.... si Bruxelles existe encore.

Par suite de ce voyage de l'équinoxe, les signes du Zodiaque ont cessé de correspondre à leur valeur primitive. Au moment où commence le printemps, le Soleil n'est plus au même point dans le ciel que l'année précédente, et depuis Hipparque (128 ans avant J.-C.), les constellations zodiacales ont pris chacune la place de la précédente. Les signes n'ont pas changé, mais ils sont sortis de leurs groupes d'étoiles : le signe du Bélier est maintenant dans la constellation des Poissons.

La précession des équinoxes est sans influence sur notre année et sur les saisons, puisque l'année est réglée par le retour de la Terre à un même équinoxe.

La précession a pour cause l'attraction solaire (pour un tiers), et lunaire (pour les deux tiers), sur le renflement annulaire de notre planète vers l'équateur; on sait que le plan de cet anneau supplémentaire est oblique sur l'écliptique.

4° Deux causes modifient la surface conique décrite par l'axe de la Terre en 26.000 ans; la première est due à l'attraction de la Lune. Le plan de l'orbite lunaire oscille sur lui-même en 18 ans environ (cycle de Méthon); or on observe dans les étoiles un petit déplacement, périodique en 18 ans; elles semblent s'élever, puis s'abaisser sur l'horizon. Newton a nommé ce mouvement la *nutation*. C'est l'attraction de la Lune sur l'anneau équatorial de la Terre qui produit ce cône excessivement aigu, complet dans le temps du cycle de Méthon. Cône, si l'axe terrestre n'en décrivait pas un plus grand, mais simple feston en réalité ou fine cannelure de la surface conique principale. Il y aura donc autant de courbes rendant cette surface ondulée, que la période de précession contiendra de fois celle de la nutation, soit environ 1150.

5° Il faut combiner cette ondulation de l'axe terrestre avec la *variation d'obliquité :* l'axe de la Terre tend actuellement à devenir perpendiculaire sur l'écliptique.

L'angle 23°27' de l'équateur sur l'écliptique, ou de l'axe terrestre sur une perpendiculaire à l'écliptique, diminue donc.

Les cercles polaires et tropiques se rapprochent, les premiers du pôle, les autres de l'équateur. Ce mouvement, très lent, est évalué à 48″ par siècle. La ville de Syène, en Égypte, était autrefois sous le tropique, et aujourd'hui le Soleil au 21 juin n'éclaire plus complètement le fond de ses puits.

Lorsque Cassini vérifia, en 1696, un cadran solaire anciennement construit dans l'église de Sainte-Pétrone, à Bologne, il constata que l'ombre s'était raccourcie en hiver et allongée en été.

L'axe ne deviendra jamais perpendiculaire sur l'écliptique : ayant atteint une certaine limite, il reprendra son obliquité par une seconde oscillation égale à la première, et ainsi de suite. D'après les calculs de Lagrange, les limites de ces inclinaisons varient entre 21° et 28°, le minimum ayant eu lieu il y a 16,000 ans.

On voit ce mouvement dans le ciel :

L'horizon ne fait pas toujours le même angle avec la ceinture du Zodiaque ; le Soleil n'atteint pas en été une limite invariable de hauteur. En même temps le pôle, ce point idéal, trahit le mouvement par des oscillations correspondantes. Cependant il est fort difficile de séparer les effets des 4e et 5e mouvements.

6° Le grand axe de l'orbite terrestre fait un tour entier en 108,000 ans, d'un mouvement direct (p. 32). Le périhélie de la Terre s'avance ainsi chaque année à la rencontre du point équinoxial. L'équinoxe du printemps, par exemple, considéré seul, met 26 mille ans à revenir au périhélie après l'avoir dépassé, mais il emploiera en réalité cinq mille ans de moins, parce que le périhélie tourne en sens contraire. Actuellement, sur l'ellipse terrestre, le grand axe et la ligne des solstices sont fort rapprochés, se coupent sous un angle fort aigu, B S D ; mais ces deux lignes restent parfaitement indépendantes et en perpétuel mouvement l'une sur l'autre.

Quand le périhélie correspondra au solstice d'été pour le pôle nord, c'est-à-dire à la période pendant laquelle l'hémisphère que nous habitons est incliné vers le Soleil, nous aurons à notre tour le désavantage de la plus longue durée des saisons froides. En l'an 1250 de notre ère, nous avions le maximum de chaleur ; le périhélie correspondait exactement au solstice d'hiver, et le grand axe de l'orbite et la ligne des solstices se superposaient.

Actuellement, ces deux lignes font un angle qui s'accroît lentement; 5250 ans (le quart de la période de 21,000 ans) avant 1250, c'est-à-dire 4000 ans avant J.-C., le périhélie correspondait à l'équinoxe d'automne, et les saisons étaient égales; 9250 ans avant J.-C., nous avions le maximum de froid et la période glaciaire.

7° En raison du transport du système planétaire vers la constellation d'Hercule dans la direction A B, le véritable trajet de la Terre *dans l'espace* est une hélice ou pas de vis; jamais elle ne passera deux fois par le même point. Le mouvement n'est elliptique que par rapport au Soleil.

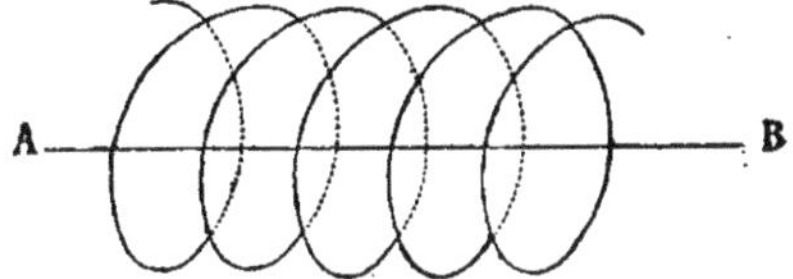

Fig. 14. — Mouvement de la Terre dans l'espace.

Les étoiles vers lesquelles la Terre se dirige semblent s'écarter les unes des autres; les étoiles dont la Terre s'éloigne semblent se rapprocher.

8° L'excentricité de l'orbite terrestre n'est pas immuable; elle vaut actuellement 1/60e, mais elle peut s'élever à 1/11e. L'excentricité, c'est la demi-distance des foyers de l'ellipse; on l'exprime en fractions du demi grand axe. Si l'excentricité est nulle, la courbe passe au cercle. Les variations d'excentricité ne se font pas à intervalles égaux; elles exigent de très longues périodes, embrassant chacune plusieurs fois la grande année de 26.000 ans.

Quand l'excentricité est forte, la différence entre le temps des demi-révolutions de la Terre s'accentue, d'après la 2e loi de Képler; si nous supposons la position actuelle du grand axe sur la ligne des solstices, l'hiver de l'hémisphère nord a pu être de 36 jours plus long que l'été. Il faut évidemment tenir compte de cette variation d'excentricité pour l'appréciation des périodes glaciaires.

Calendrier. Horloge

Almanach est déjà employé par Eusèbe; l'étymologie de ce mot reste douteuse. Dans le Bourgeois gentilhomme, monsieur Jourdain demande à son maître de philosophie de lui enseigner l'almanach. Ce n'est pas si facile!

Calendrier vient de *calendes*, mot par lequel les Romains désignaient le premier jour de chaque mois.

Le retour de la Terre à un même équinoxe, ou l'*année tropique*, (on dit aussi *équinoxiale* ou *solaire*), se fait en 365 j. 5 h. 48' 47" ou 45 jours et 242256 millionièmes de jours. L'*année sidérale* est le temps que la Terre emploie pour faire le tour du Soleil par rapport aux étoiles, c'est-à-dire une révolution elliptique complète. A cause de la précession, elle ne peut s'accorder avec l'année tropique : il y a un peu plus de 20 minutes de différence totale.

Le calendrier égyptien avait des années de 365 jours. Il omettait ainsi un quart de jour, ce qui amenait au bout d'un certain temps la confusion des mois et des saisons.

Jules César, aidé (naturellement) du savant astronome Sosigène, 45 ans avant J.-C., établit une année de 366 jours sur trois de 365. Dans ce calendrier *julien*, les années bissextiles tombaient sur un chiffre divisible par 4. *Bissextile* signifie, mot à mot, *deux fois sixième*, parce que le jour supplémentaire doublait le sixième avant les calendes de Mars; les Romains comptaient un certain nombre de jours *avant* et un certain nombre *après* les calendes de chaque mois.

L'année julienne restait de la sorte plus grande de 11' que l'année vraie. Le pape Grégoire XIII supprima trois années bissextiles en quatre siècles, et décréta que le lendemain du 4 octobre 1582 serait le 15; on était en effet de dix jours en retard sur le Soleil. Le calendrier *grégorien* est celui dont nous nous servons encore aujourd'hui. Les Grecs et les Russes, qui ne l'ont pas adopté, sont de plus en plus en retard.

L'ère chrétienne, la date à laquelle nous commençons à

compter nos années, c'est la naissance du Christ. Cependant, les dernières recherches des savants allemands tendent à établir que cette naissance est arrivée à la fin de la 2e année avant notre ère.

Le calendrier grégorien n'est pas absolument exact; l'erreur est d'un jour sur 4000 ans, mais il suffira pour un grand nombre de siècles. Il faudrait, pour une année juste, que d'équinoxe à équinoxe il y eût un nombre exact de rotations, étant donné que l'année, pour être usuelle, doit comprendre un nombre exact de jours. Mais il n'existe aucun rapport simple entre le temps de la rotation et celui de la révolution.

Autrefois l'année commençait à Pâques.

Chez les Romains, le mois de mars était le premier; c'est pourquoi les désignations *septembre*, *octobre*, *novembre*, *décembre* nous sont restées. Charles IX, le même qui plus tard organisa la St. Barthelémy et qui mourut à 24 ans consumé par la débauche, fixa le 1er janvier 1564. Il serait plus logique de choisir, soit un équinoxe, soit plutôt un solstice.

Ainsi, l'ère de la 1re république française commençait le 22 septembre 1792, jour de l'équinoxe d'automne (an I). Le calendrier républicain est maintenant tout-à-fait abandonné.

On assure que Numa Pompilius divisa l'année en 12 mois; mais Numa Pompilius appartient plutôt à la légende qu'à l'histoire. La semaine se retrouve à l'origine de tous les peuples; sans doute à cause des phases de la Lune, et à la suite de cette tradition Moïse a arrangé dans la *Genèse* la création du monde en sept jours. Les douze mois de l'année ont été donnés par les douze constellations zodiacales.

Le *jour sidéral* est réglé par le retour d'une étoile à un même méridien; c'est le temps exact d'une rotation de la Terre. Comme ce temps ne varie jamais, une horloge bien réglée sur ce mouvement conservera indéfiniment l'accord. Le jour sidéral peut être divisé comme le nôtre en 24 *heures sidérales*, et ces heures, partagées en *minutes* et en *secondes sidérales*.

L'*heure solaire* est donnée par le Soleil et par les cadrans solaires. Elle est toujours plus grande que l'heure sidérale, à cause de la révolution de la Terre.

En effet, représentons le Soleil par S ; si la Terre était immobile en T, il faudrait un certain temps pour ramener midi au point H. Mais pendant ce temps, la Terre a marché ; elle est maintenant en T'. Dans le même laps, le point H n'aura fait qu'un tour ; il sera en H', et il emploiera un certain temps supplémentaire pour faire le trajet de H' en H''. Il faut 24 heures pour ramener le Soleil à un même méridien, et seulement 23 heures 56'4'' pour y ramener une étoile.

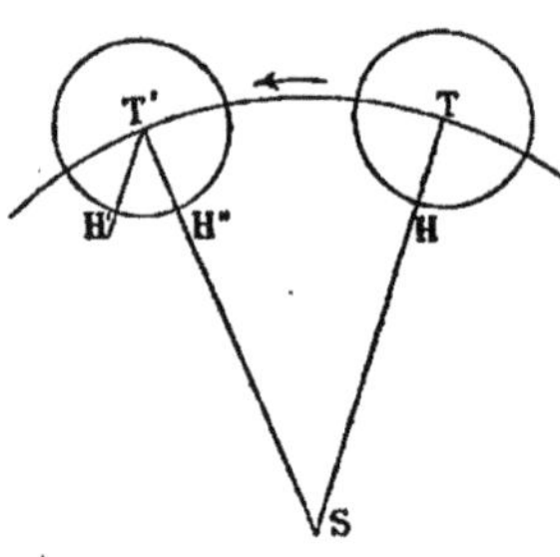

Fig. 15. — Jour solaire et jour sidéral.

La somme de ces différences quotidiennes vaut exactement 24 heures par an. En effet, quand la Terre a accompli, par exemple, le quart de sa course annuelle, un méridien donné mettra 6 heures de plus à rejoindre le Soleil ; les angles TST' et ST'H' seraient de 90° dans ce cas spécial. Donc l'année sidérale, sans compter la précession des équinoxes, a juste un jour de plus que l'année tropique.

L'heure solaire varie, et elle est plus grande en hiver, parce que la révolution de la Terre s'accélère à cette époque. Les horloges bien réglées avancent en hiver sur le Soleil et retardent en été, parce qu'elles donnent l'*heure civile* ou *heure moyenne*. Une montre qui marcherait comme le Soleil irait très irrégulièrement. L'avance ou le retard du midi moyen sur le midi solaire n'atteint jamais 17'. A certaines époques, le temps moyen correspond exactement au temps solaire : 25 avril, 16 juin, 31 août, 24 décembre; voir figure 10, équation du temps, p. 44.

Longtemps encore après l'invention des horloges à mouvement régulier, on les a réglées chaque jour à midi sur le Soleil; ce n'est qu'au commencement de ce siècle, et à Paris après la restauration des Bourbons (1814), qu'on adopta définitivement l'heure moyenne. Au temps moyen solaire se rapportent les calculs des mouvements des astres, la prédiction des éclipses, le mouvement des chronomètres etc... C'est un temps artificiel, créé par l'homme, et qui ne se trouve dans aucun phénomène naturel. Dans les Observatoires, on peut voir l'*horloge sidérale*, portant sur son cadran de 0 à 24 heures, directement utilisable pour certaines observations. Il est toujours facile de convertir le temps moyen en temps sidéral, ou réciproquement.

Durant la période transitoire entre l'emploi de l'heure solaire et de l'heure civile, on a construit des horloges où deux aiguilles différentes par un petit artifice mécanique, marquaient chacune un de ces temps, quoique mues par le même poids.

Huygens, en 1657, a adapté le pendule à l'horloge pour la régler. Afin de comprendre l'importance de cette simple découverte, que l'on se demande ce que nous ferions sans l'heure exacte, et ce que deviendraient les calculs astronomiques, la navigation, le télégraphe, les chemins de fer.....

L'heure est la même pour chaque méridien, mais elle varie naturellement selon les méridiens. A mesure qu'on marche vers l'est, une montre qu'on porte retarde de plus en plus sur les horloges du lieu, et quand on a fait $\frac{1}{2}$ tour du globe, le midi de la montre représente le minuit suivant de l'horloge. On va au-devant du Soleil; chaque journée est plus courte qu'elle ne devrait être. Si l'on marche vers l'ouest, la montre avance de plus en plus; aux antipodes, le midi de la montre correspond au minuit précédent de l'horloge; chaque journée est plus longue que les 24 heures réglementaires, accordées à ceux qui ne voyagent pas.

Ainsi, un jour finit et l'autre commence, par exemple, lundi-mardi, à des instants différents sur les différents méridiens; il n'est pas lundi en même temps sur toute la terre, et la différence d'un lieu à un autre peut atteindre 24 heures.

Le voyageur, qui fait le tour du monde vers l'orient, voit le Soleil se lever une fois de plus que ceux qui n'ont pas voyagé, et une fois de moins, s'il s'est dirigé vers l'occident, quelle que soit d'ailleurs la durée de l'un ou de l'autre voyage. Il est bien entendu que dans le premier cas ses jours ont été plus courts, et dans le second cas plus longs que pour un homme sédentaire.

Quand Magellan rentra au port de départ, les livres du bord portaient 5 septembre 1522 et l'on était cependant le 6.

Les vaisseaux qui font le tour du monde règlent cette différence dans l'océan Pacifique, au 180° degré de longitude qui

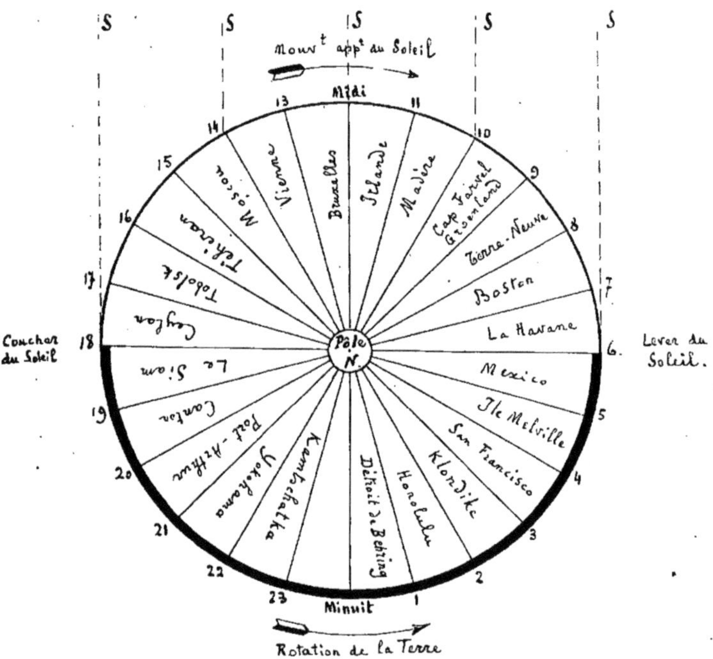

Fig. 16. — Les 24 heures simultanées autour de la Terre.
Chaque heure représente un fuseau horaire de 15°.

rencontre seulement un peu de terre vers le détroit de Behring, soit en comptant deux fois de suite la même date, soit au retour en sautant un jour du calendrier comme non avenu. Sur les cartes géographiques, le 180° de longitude représente aussi bien la longitude est que la longitude ouest.

L'ère des musulmans se nomme l'*hégyre;* elle commence

dans la première moitié de juin, en l'an 622 après J.-C., date à laquelle Mohammed, qu'on prononce mal à propos Mahomet, s'enfuit de la Mecque à Médine.

Les années de l'hégyre sont lunaires, de sorte que la confusion est extrême, et avec les nôtres, et avec les saisons naturelles. L'heure est réglée, chaque jour, par à peu près, selon le lever du Soleil.

Le *ramadan* ou *ramazan* est un mois de l'année musulmane, le mois de carême ; il tombe en été, ou en hiver, ou au printemps, ou à l'automne, selon la concordance du calendrier musulman avec les saisons naturelles.

Pour calculer une date grégorienne en années de l'hégyre, il faut observer que ces dernières valent 354 jours, et que les nôtres ont eu, depuis 622, un nombre déterminé de bissextiles. L'an 1300 de l'hégyre a commencé le 11 novembre 1882, lendemain de la nouvelle lune.

L'année chinoise aussi est de 12 lunaisons, avec une 13e sept fois en 19 ans ; car 19 années tropiques égalent juste 235 lunes.

L'heure italienne compte de 1 à 24 ; on la règle tous les jours d'après le lever ou le coucher du Soleil qui est la 1re heure. Mais les chemins de fer tendent à faire prévaloir sur cette ancienne heure des villages, la chronométrie régulière et l'heure civile. L'heure italienne représente celle des cadrans solaires, adaptée par 365 coups de pouce aux horloges dont le mouvement est régulier. Jusqu'à la fin du siècle dernier on n'en a guère connu d'autre, soit avec 24 heures, plus souvent avec deux fois douze heures. Dans les contrées méridionales, où les jours ont à peu près la même durée que les nuits, l'inconvénient reste moindre que dans les pays du nord ; dans ces derniers, si l'on voulait distinguer douze heures de jour et douze heures de nuit, on avait des heures très courtes et d'autres très longues, ou réciproquement, selon les saisons.

Compter l'heure de 1 à 24, mais sur les horloges civiles, ce serait évidemment un progrès. Deux séries de douze ont été adoptées lorsqu'on mesurait le jour et la nuit sur des cadrans absolument différents, (le Soleil et les étoiles), par des procédés différents, avec un personnel d'observateurs divisé en deux brigades.

L'heure des chemins de fer belges, de 0 à 24, commence à minuit, qui vaut 24 ou 0. C'est également l'heure de l'Observatoire d'Uccle.

En Norvège, les montres portent 24 heures sur leur cadran, qui est à demi noirci.

On trouve en tête de tous les almanachs un certain nombre de termes dont il est bon de connaître la signification.

Epacte. (Du grec : *ajouté*). Age de la Lune au 1r janvier, ou nombre de jours écoulés depuis la dernière nouvelle Lune jusqu'au 1r janvier ; peut varier de 0 à 29, et varie de 11 à peu près d'année en année, parce que l'année solaire vaut environ 12 lunaisons plus onze jours.

Indiction romaine. Chiffre se rapportant au temps que les légionnaires romains devaient passer sous les drapeaux. Il n'a actuellement plus le moindre intérêt, et c'est par une bizarre routine qu'on le conserve.

Nombre d'or. Rang occupé par l'année dans le cycle de Méthon (voyez p. 49), ou cycle lunaire.

Lettre dominicale. Si l'on désigne le premier janvier par A, le second par B... le septième par G, il y aura dans ces sept jours un dimanche, qui portera une lettre. Ce sera la lettre dominicale de l'année, au moyen de laquelle on peut retrouver la place de tous les autres dimanches.

Cycle solaire. Cycle de 28 ans après lequel reparaissent dans le même ordre les lettres dominicales.

LA LUNE

Description

La figure ci-contre, tracée avec des proportions exactes, donnera une idée des grandeurs relatives du Soleil, de la Terre et de l'orbite de la Lune. La plupart des dessins dans les livres

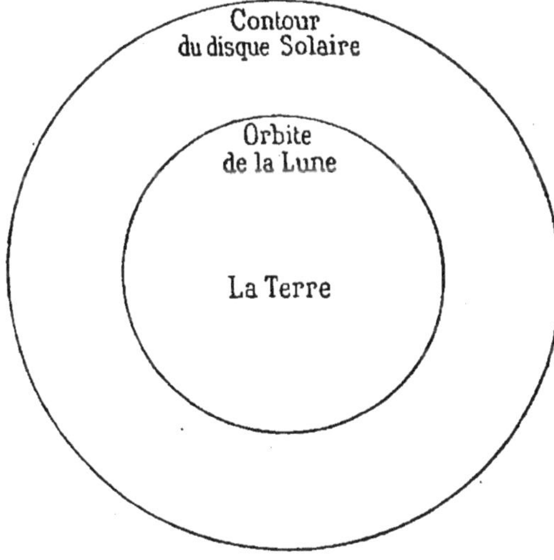

Fig. 17.

d'astronomie, sont *schématiques*, c'est-à-dire qu'on a beaucoup exagéré certaines grandeurs pour la facilité des démonstrations.

La distance moyenne de la Terre à la Lune est de 96,000

lieues, ou 30 diamètres terrestres ; cette distance a été calculée avec une erreur moindre que 4 lieues. Un homme ferait ce trajet à pied en sa vie ; un boulet de canon y mettrait 9 jours ; un express (100 kil. à l'heure), 5 mois. La Lune, cessant de tourner autour de la Terre, tomberait sur nous en 4 jours 20 heures.

La Lune est sphérique, car la limite de l'ombre et de la lumière y est toujours courbe ; non aplatie aux pôles, sans doute à cause de sa rotation lente ; d'un diamètre de 782 lieues. Son volume est $\frac{1}{50}$ du volume terrestre, et son poids, $\frac{1}{80}$ seulement du nôtre, parce que sa densité ne vaut que 3,37 : environ celle du diamant. Le diamètre de la Lune et celui de la Terre sont comme 3 est à 11.

Un kilogramme sur la Lune ne pèserait que 164 grammes ; un homme ordinaire, 11 kilogrammes seulement, et avec sa force musculaire normale, il s'avancerait par bonds énormes. Le pendule battrait beaucoup plus lentement que sur la Terre.

La Lune nous semble égale au Soleil en diamètre, parce que ce dernier est 400 fois plus loin. Ce commun diamètre apparent vaut 32' d'angle et ces astres mettent environ 2 minutes à se lever, puisque la Terre parcourt 15° à l'heure, et 1° en 4 minutes.

La Lune n'a d'autre lumière que celle du Soleil. Sa couleur est gris-jaune ; nous la voyons blanche par contraste.

Les grands télescopes transportent l'observateur à 48 lieues de la Lune. La surface paraît d'une grande aridité, avec des montagnes à pic beaucoup plus hautes que le mont Blanc, (Ste Catherine 7600 m.) ; des ravins appelés *rainures*, profonds de 4 à 500 mètres ; de grandes bandes lumineuses sans relief, produites par une nuance du sol ; des surfaces sombres qu'on nomme des *mers*, mais qui sont de vastes plaines ; et de nombreux cratères creusés en entonnoirs insondables. Un de ces cratères, *Copernic*, a 90 kilomètres de diamètre. Vers les bords de l'astre, des points lumineux isolés sont les sommets de pics dont la base reste dans l'ombre, et tous les cratères vus de profil semblent elliptiques, fortement aplatis dans le sens du rayon visuel. A mesure que la Lune croît ou décroît, la lumière s'étend ou recule. Des points étincelants semblent indiquer des roches polies, ou vitreuses.

Cassini a dressé une carte de la Lune avec le plus grand détail; plus récemment, Beer et Mädler. En outre, la photographie en a reproduit fidèlement les moindres accidents. La hauteur de toutes les montagnes de la Lune a été calculée, à quelques mètres près; celles de la Terre ne sont guère aussi bien connues. Toute cette topographie semble immobilisée; on n'y constate avec le temps aucune modification. Sans eau, les roches ne se désagrègent pas; sans feu central, elles ne se soulèvent plus.

La Lune ne possède pas d'atmosphère, du moins en couche épaisse comme la nôtre. En effet, elle n'offre aucune trace de nuages ni de crépuscule, et si elle possédait une atmosphère, l'*occultation* (éclipse d'une étoile par la Lune qui passe au devant) serait moins longue, par un effet de réfraction. Or, le temps observé est exactement celui que donne le calcul. Elle ne possède pas d'eau non plus, car même la glace émet des vapeurs qui constitueraient une atmosphère.

Certains faits néanmoins conduisent à cette conclusion que des matières gazeuses existent dans les vallées les plus profondes de notre satellite.

Pendant que nous sommes en A (fig. 18), la Lune, basse sur l'horizon, se montre plus grosse; quand nous sommes en B, la Lune au zénith paraît plus petite. Cependant, en B, nous en sommes plus rapprochés : c'est une pure illusion d'optique, qui n'a jamais été expliquée.

Il s'agit ici d'un diamètre angulaire, bien entendu, le sommet de l'angle étant notre œil. On ne peut comparer la grosseur d'un astre à n'importe quel objet terrestre, c'est une question d'éloignement. Le Soleil, plus gros que la Lune, nous apparaît à peu près sous le même angle que celle-ci, et avec l'ongle du pouce, près de l'œil, on peut couvrir la Lune ou le Soleil entier. Quand on dit que la Lune est grande comme une assiette, ou comme une pièce de 2 centimes, cela ne signifie absolument rien, si l'on ne précise la distance de ces objets.

Par suite de l'excentricité de l'orbite lunaire, notre satellite est parfois à 100,385 lieues de nous, parfois à 90,833 seulement. De là, d'autres différences de diamètre apparent assez sensibles.

Quand on veut indiquer la position de deux astres par rapport à la Terre, il y a lieu de définir plusieurs cas dans lesquels les centres des trois corps se trouvent en ligne droite.

Si l'on considère une planète plus proche du Soleil que nous ne le sommes, on dira, quand la planète ou le Soleil est au milieu des deux autres, qu'il y a *conjonction inférieure* si la planète occupe cette place, et *conjonction supérieure* si c'est le Soleil.

En parlant des planètes extérieures à l'orbite de la Terre, il y a *conjonction* quand un de ces astres et le Soleil nous paraissent au même point du ciel ; *opposition*, quand ils se montrent par rapport à nous en des lieux diamétralement opposés. La Lune et le Soleil peuvent aussi venir en conjonction avec les étoiles. Pour la Lune, on notera une opposition et une conjonction inférieure, ou simplement une conjonction.

Marées

La Lune (fig. 18) attire la portion de la Terre qui se trouve en B, et y soulève les flots de l'Océan sous forme de marée. La masse de la Terre elle-même est attirée aussi ; elle perd une partie de sa force d'attraction, et elle retient moins fortement au point C les eaux que la force centrifuge tend constamment à écarter. Donc, il y a marée simultanément en ce deuxième point. On fait dans les cours de physique une expérience qui peut donner une idée de la marée au point C. Une clé étant pendue à l'extrémité d'un barreau aimanté, on glisse au-dessus de cette extrémité, le pôle de nom

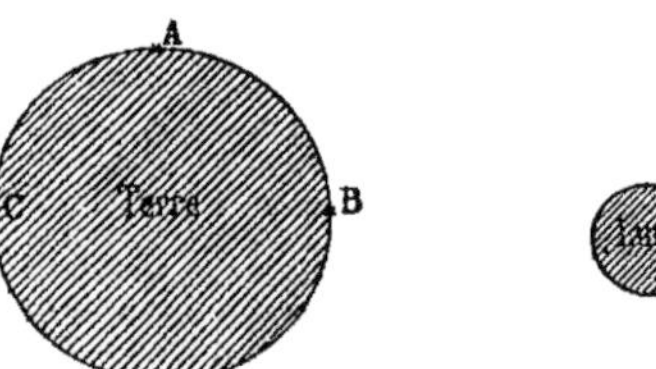

Fig. 18. — Explication des marées.

contraire d'un autre aimant; les forces magnétiques se neutralisent alors réciproquement, et la clé tombe.

Comme la Terre tourne, les marées représentent des vagues énormes, qui se déplacent à la surface de la Terre en sens inverse de la rotation, et avec une vitesse égale. La marée, en un même lieu, se présente deux fois pleine et deux fois basse en 24 heures et 50 minutes, et non en 24 heures, parce que la Lune tourne autour de la Terre dans la même sens que celle-ci sur elle-même. Comme la masse des eaux ne se met pas instantanément en mouvement, il y a toujours un retard (de plusieurs heures) de la marée sur le passage de la Lune au méridien.

Les mers intérieures (Méditerranée) ont des marées très faibles (20 à 30 centimètres).

En effet, la Méditerranée est si petite sur la sphère terrestre, que l'attraction lunaire en un moment donné est sensiblement la même aux deux bouts. En pleine mer, par exemple sur les îles, les marées sont peu sensibles.

A Bristol, les marées sont en moyenne de 17 mètres, la hauteur d'une maison à quatre étages.

Quand la Terre, en hiver, est plus proche du Soleil, et quand l'attraction solaire s'ajoute à celle de la Lune, les marées sont particulièrement à craindre. On les prédit sans peine par des calculs astronomiques. L'attraction solaire s'ajoute à celle de la Lune, lorsque cette dernière est en conjonction ou en opposition. Seule, elle ne pourrait soulever que des marées trois fois moindres que les marées lunaires.

Dans l'étude des marées, il faut aussi tenir compte de la pression atmosphérique, de la direction du vent, de la salure de la mer. Si le baromètre est très haut, la Méditerranée baisse visiblement. A cause de la fusion des glaces polaires, l'eau de l'Atlantique est moins dense que celle de la Méditerranée, et le niveau moyen de l'Océan à Brest dépasse d'un mètre celui du port de Marseille.

L'attraction lunaire doit produire dans notre atmosphère des marées énormes. A cause de la plus grande mobilité de l'air, il y a moins de retard; l'air étant attiré ne pèse pas, et le baromètre ne trahit pas ces vagues gazeuses.

La Lune n'exerce aucune influence sur le climat; c'est à tort qu'on lui impute la gelée, la pluie, les changements de temps.

L'attraction de la Lune sur l'anneau équatorial de la Terre produit un tout petit mouvement de l'axe terrestre, un cône excessivement aigu, complet dans le temps du cycle de Méthon, et auquel on a donné le nom de *nutation*. Ce mouvement modifie la précession des équinoxes, en festonnant la surface conique, décrite à cette occasion par la ligne des pôles. Il y aura donc autant de courbes rendant cette surface ondulée que la période de précession contiendra de fois celle de la nutation, soit environ 1150.

Phases. Mouvements de la Lune

La Lune tourne autour de la Terre, et nous la voyons traverser successivement toutes les constellations du Zodiaque, dont elle fait le cycle entier environ treize fois plus vite que le Soleil.

Pour l'intelligence de la figure 19, supposons le Soleil très loin à droite, de manière que ses rayons arrivent parallèles sur tous les points du dessin. Il est facile de voir que la moitié de la Terre recevra la lumière, et la moitié de la Lune, dans toutes les positions que cette dernière prend autour de la Terre, en cheminant le long de l'orbite tracée. Voilà ce que verrait un observateur placé à quelque distance dans le ciel, sur le prolongement de l'axe terrestre.

Pour nous, qui nous trouvons sur la Terre, il est évident que nous ne voyons pas toujours la Lune éclairée par moitié (que la Lune tourne autour de nous ou que nous tournions autour d'elle, cela revient ici absolument au même), et nous avons figuré par autant de sphères, en dehors de l'orbite lunaire, les aspects que l'astre prend à nos yeux dans ses différentes positions.

Pendant le temps où la Lune est invisible, elle passe dans le voisinage du Soleil, en conjonction; puis elle apparaît le soir à l'occident sous forme d'un croissant délié, et elle se couche de suite. Dans des conditions favorables, on peut voir ce croissant moins de 24 heures après la conjonction; ordinairement, il faut deux ou trois fois ce temps.

Le dos du croissant est tourné vers le Soleil. Si l'on joint les pointes par une ligne, et qu'on élève une perpendiculaire sur le

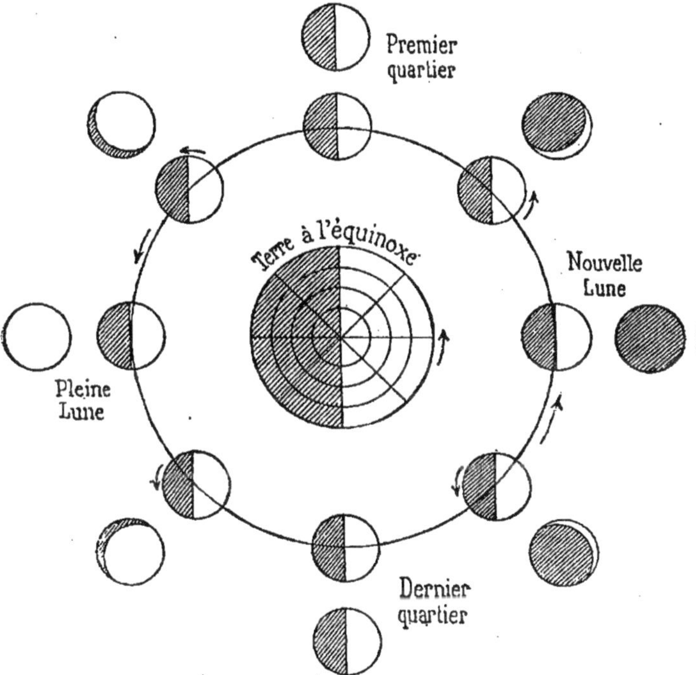

Fig. 19. — Phases de la Lune.

milieu de cette ligne, on atteindra le Soleil; pas exactement, à cause de la réfraction. Le croissant qui apparaît après le coucher du Soleil, c'est la *nouvelle Lune*.

Il s'élargit peu à peu, et monte chaque soir plus haut dans le ciel, à mesure qu'il s'écarte du Soleil. En même temps, il se couche plus tard.

En effet, la Terre, qui est au centre de la figure, tourne, et tous les points de la moitié droite entrent successivement dans la nuit. La limite supérieure du blanc et du noir représente donc ici 18 heures du soir; la limite inférieure, 6 heures du matin. Pendant le jour, la nouvelle Lune, trop pâle, n'est pas visible dans le ciel. On peut imaginer autour de cette Terre les 24 heures du jour; une tangente en chacun de ces 24 points donnera les limites de la moitié du ciel visible à l'heure corresdante. On trouve ainsi à quelle heure la Lune doit se lever selon son âge, et combien de temps elle reste sur l'horizon.

Notons cependant que cette tangente dans la figure 19 ne donnerait pas l'exacte expression de la vérité; la Lune est si loin de la Terre, que l'horizon obtenu de cette façon serait beaucoup trop relevé. En outre, la réfraction montre les astres plus hauts qu'ils ne le sont réellement.

Le 7e jour, quand la Lune est éclairée à moitié (*premier quartier*), elle apparaît au milieu du ciel, et elle se couche vers minuit. L'ombre des pics et des montagnes se projette à gauche.

Lorsque la Lune est en opposition, nous en voyons toute la face éclairée; c'est la *pleine Lune*, qui se montre quatorze jours après la nouvelle Lune. Elle se lève au moment où le Soleil se couche, au point opposé de l'horizon, et elle se couche le matin, après avoir brillé la nuit entière. A n'importe quel moment de la nuit, une ligne droite, prolongée de la Lune à la Terre et au-delà, passerait très près du Soleil. Les rayons solaires frappent normalement la surface de la Lune; nous n'y voyons plus d'ombres.

Ensuite la Lune commence à décroître; elle se lève de plus en plus tard dans la nuit, et, comme elle se couche maintenant pendant le jour, nous la voyons le matin dans le ciel. Au *dernier quartier*, le disque est de nouveau éclairé à moitié; mais on dit quartier, parce que le disque lui-même n'est que la moitié de la surface lunaire. Le dernier quartier se lève vers minuit et se couche vers midi. Les ombres y sont projetées vers la droite.

Le croissant maigrit encore, retarde de plus en plus sur le Soleil, se lève le matin un peu avant lui, et se couche le soir.

Enfin, il disparait, puis la Lune se laisse devancer par le Soleil, et bientôt la nouvelle Lune suivante se lève après le coucher de l'astre du jour. Quand la Lune est trop rapprochée du Soleil, elle est invisible pendant le jour.

Les positions de la Lune en quartiers se nomment encore *quadratures ;* de la pleine et de la nouvelle Lune, *syzygies.*

Non seulement la Lune tourne autour de la Terre, mais elle tourne sur elle-même exactement une fois dans le même temps. De ce que la durée de la révolution est égale à la durée de la

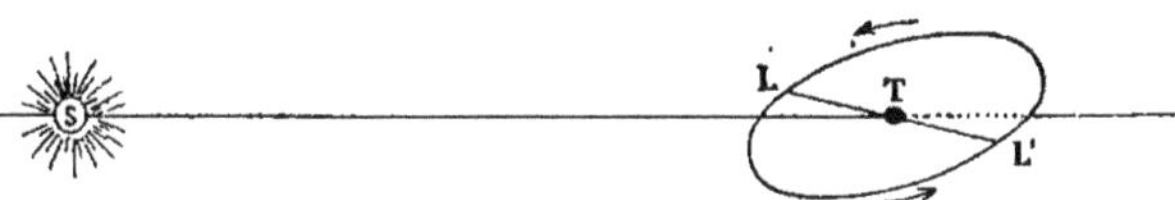

Fig. 20. — Nœuds de la Lune.

rotation, résulte ceci : nous voyons éternellement le même côté de la Lune.

On doit supposer que notre satellite, autrefois fluide, a pris, sous l'attraction de la Terre, une forme irrégulière, celle d'un œuf de poule, et qu'il continue à diriger vers l'extérieur de son orbite le gros bout, en raison de la force centrifuge. La même particularité se retrouve dans tous les satellites des autres planètes. De même, un ballon faisant le tour de la Terre, a sa nacelle constamment dirigée vers le centre, parce qu'elle est plus lourde, plus attirée; la force centrifuge ici n'est pas en jeu.

L'axe de rotation lunaire est presque perpendiculaire sur l'écliptique. Si l'axe était incliné, nous verrions la Lune tantôt par un bout, tantôt par l'autre. Donc, sur la Lune, pas de saisons, mais des climats en bandes parallèles depuis l'équateur jusqu'aux pôles.

L'orbite lunaire forme, avec l'écliptique, un angle de 5°. On appelle *nœuds* les deux points L, L', où cette orbite coupe l'écliptique (Fig. 20). Les nœuds sont nommés *ascendants* ou *descendants,* selon que la Lune passe dans l'hémisphère nord du ciel ou dans l'hémisphère sud. La *ligne des nœuds,* pour la Lune et pour toutes les planètes dont l'orbite coupe l'écliptique, est la ligne d'intersection de l'orbite et de l'écliptique.

Le plan de l'orbite lunaire n'est pas invariable : en faisant toujours avec l'écliptique l'angle de 5°, il s'incline successivement vers tous les points de l'horizon, et accomplit un tour entier en 18 ans et 8 mois. Ce mouvement est rétrograde et indépendant de la révolution de la Terre ; si l'on suppose celle-ci immobile, les nœuds feront un tour complet autour d'elle en 18 ans 218 jours et 21 heures. On peut comparer la rétrogradation des nœuds à la précession des équinoxes ; l'une et l'autre sont dues à l'action du Soleil, ici sur la Lune dont l'orbite est inclinée sur l'écliptique; là, sur l'anneau équatorial, parce que l'équateur est aussi incliné sur l'écliptique. Il y a cette différence que l'axe de l'orbite lunaire décrit une surface conique à base circulaire, et l'axe de la Terre, comme nous l'avons vu, une surface conique que les attractions lunaires rendent sinueuse ou ondulée.

La Lune emploie, pour revenir au même point entre les étoiles, environ 27 jours et 1/4 (exactement 27 j. 7 h. 43′ 11″ 1/2). Mais pendant ce temps, la Terre, dans son mouvement de révolution, a cheminé, et la Lune, pour revenir au même point par rapport au Soleil, prendra 2 j. 5 h. de plus. La première période est dite *révolution sidérale*; la seconde (de 29 j. 12 h. 44′ 3″), c'est la *révolution synodique*, réglant le mois lunaire et le temps des lunaisons.

De même que la Terre, la Lune obéit à d'autres mouvements encore que la rotation et la révolution.

La durée de la révolution sidérale de la Lune est plus grande en hiver, à cause du voisinage du Soleil, et plus petite en été. De même les comètes qui passent dans le voisinage des planètes ont leur mouvement ralenti. La différence atteint un peu plus de 11 minutes (*équation annuelle*).

La Lune nous montre des *librations*, ou balancements, suivant lesquels nous découvrons successivement une plus grande étendue des bords en différents points de son contour.

D'abord, les vitesses de la Lune le long de l'orbite lunaire sont inégales, tandis que la rotation de notre satellite est régulière. De là, une première libration en longitude.

Ensuite, l'axe lunaire étant (très légèrement) oblique sur l'orbite, nous voyons l'astre inclinant vers nous tantôt un pôle, tantôt l'autre. Donc, une libration en latitude.

Quand la Lune est basse sur l'horizon, nous la voyons, en quelque sorte, de haut. Certaines parties apparaîtront ainsi visibles, qui nous seront dérobées lorsque la Lune passera au zénith. C'est la troisième libration, celle qu'on a appelée diurne.

En raison de la rapide translation de la Terre autour du Soleil, la marche de la Lune autour de celui-ci est une ligne légèrement ondulée qui, en aucun cas, ne tourne une convexité vers le centre.

On a remarqué une légère accélération dans le mouvement de révolution de la Lune : environ 11″ par siècle.

Eclipses

Si la Lune se trouve en un moment donné exactement sur la ligne qui joint le Soleil à la Terre, si elle est pleine ou nouvelle en même temps que dans un de ses nœuds, il y a éclipse de Soleil, non pour tous les pays où il fait jour en ce moment, mais seulement pour certaines régions déterminées. La zone d'où l'on aperçoit une phase donnée de l'éclipse, est plus restreinte encore.

Les éclipses totales de Soleil ne durent que peu de minutes, huit au maximum sous l'équateur et six chez nous, parce que le mince cône d'ombre de la Lune est rapidement traversé par la Terre, ou plutôt l'ombre de la Lune ressemble à l'ombre d'un nuage passant rapidement sur la Terre. Les éclipses totales sont excessivement rares; heureux l'homme qui en a vu une dans le courant de sa vie ! Jamais l'ombrede la Lune ne couvre plus de 1/10,000 de la surface terrestre.

Si au contraire la Terre se trouve exactement entre le Soleil et la Lune, elle empêche la lumière d'arriver à la Lune pour tous les pays, sans exception, d'où celle-ci aurait pu être visible. Personne ne peut plus alors voir la Lune, puisqu'elle n'a plus de lumière. Cependant on remarque que son disque conserve une teinte rougeâtre non expliquée et en contradiction avec ce fait qu'on ne l'observe point aux jours de nouvelle Lune. Si la Lune tournait dans le plan de l'écliptique, il y aurait éclipse de Soleil à chaque nouvelle Lune, et éclipse de Lune à chaque pleine Lune. Mais l'orbite lunaire est inclinée sur l'écliptique; il faut donc qu'un nœud coïncide avec la position des trois astres sur une seule ligne droite, ce qui se présente rarement.

Les éclipses de Lune durent plusieurs heures, maximum 4 pour l'ensemble et 2 pour la phase totale. C'est le temps nécessaire à l'astre pour traverser le large cône d'ombre de la Terre. En outre, pendant l'éclipse de Lune, la Terre et la Lune ont le même mouvement autour du Soleil, tandis que pendant l'éclipse de Soleil, la Terre et la Lune marchent en sens inverse et tendent à s'écarter plus rapidement.

Les mêmes éclipses arrivent à peu près tous les 19 ans; c'est la période qu'on appelle *cycle de Méthon*, du nom de l'astronome grec qui l'a découverte. Le *nombre d'or* d'une année est le rang de cette année dans le cycle en question, parce que les Athéniens, frappés de la découverte, la firent graver en lettres d'or dans le temple de Minerve. Cependant ce nombre était déjà connu des Chaldéens.

Les éclipses de Soleil sont centre sur centre, ou partielles selon les positions relatives des trois astres; les éclipses centre sur centre sont annulaires ou totales, parce que le diamètre apparent de la Lune varie selon sa distance à la Terre. En même temps que l'éclipse totale de Soleil, il y a éclipse partielle sur les limites de l'ombre. Les phases de l'éclipse solaire ne se produisent pas simultanément dans tous les lieux où on les voit; les phases de l'éclipse lunaire commencent et finissent sur toute la Terre en même temps, sur tous les points de la Terre d'où le phénomène est visible, ce qui ne veut pas dire à la même heure locale. Elles sont pareilles au même instant pour tous les observateurs.

On prédit longtemps à l'avance tous les détails des éclipses, et l'horaire exact.

Observateur transporté sur la Lune

Un observateur, placé au centre de la face lunaire qui nous regarde, verrait la Terre à son zénith, comme une Lune énorme, 4 fois plus large en diamètre, 13 fois plus grosse en superficie que nous ne voyons la Lune, et brillant du même éclat. Pour l'habitant des bords lunaires, la Terre serait basse sur l'horizon, et, dans les deux cas, éternellement au même point du ciel, à peu près immobile, sauf les petits déplacements dus aux librations.

La Terre serait constamment invisible pour l'observateur placé sur la face lunaire que nous ne voyons jamais.

La Terre aurait des phases complémentaires des phases lunaires : elle serait pleine quand la Lune est nouvelle, et réciproquement. Ainsi, quelque temps après la nouvelle Lune, la lumière que la *pleine Terre* envoie à la Lune suffit pour éclairer celle-ci ; c'est ce qu'on appelle la ***lumière cendrée***. La portion de la Lune pointillée sur le dessin apparaît alors faiblement lumineuse entre les cornes brillantes du croissant. La nouvelle Lune emporte la vieille entre ses bras.

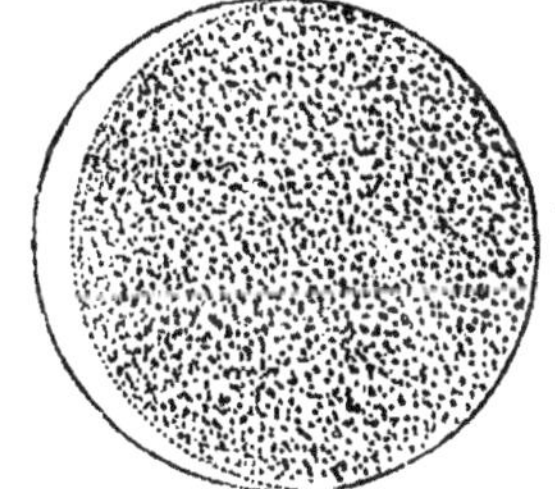

FIG. 21. — Lumière cendrée.

Quand nous avons une éclipse de Soleil, de la Lune on pourrait voir une éclipse de Terre correspondante ; c'est-à-dire la tache d'ombre de la Lune se déplaçant rapidement à la surface de la Terre éclairée ; et quand nous avons une éclipse de Lune, on verrait, de la Lune, une éclipse de Soleil de plusieurs heures.

Nos accidents de terrain, forêts, villes, continents brillants et mers sombres, calottes de neige s'étendant selon les saisons autour du pôle nord et autour du pôle sud, aplatissement polaire du globe, nuages mobiles, cimes blanches des Cordillères, des Alpes, de l'Himalaya, grands incendies, batailles, seraient parfaitement visibles de la Lune. Pour les habitants de notre satellite, la rotation régulière de la Terre et l'apparition successive des différents continents, ferait une admirable horloge, ne se dérangeant jamais. La lumière renvoyée par la Terre serait d'un vert bleuâtre à cause de l'air, de l'eau et de la végétation.

Comme la Lune met environ un mois à tourner sur elle-même, ses jours et ses nuits valent quinze fois les nôtres; le lever du Soleil sur la Lune dure une heure, et le mouvement diurne paraît 30 fois plus lent que sur la Terre.

A la surface de la Lune, il n'existe pas d'atmosphère proprement dite; par suite, point d'aurore, point de crépuscule; ni vent, ni nuages; étoiles visibles tout le jour dans un ciel noir; effets d'ombre et de lumière très durs, sans demi-teintes, sans profondeur. Le silence serait complet, car aucun bruit ne se propage dans le vide. Les oreilles, le larynx, les poumons... et les pianos y seraient inutiles. Le rayonnement de la chaleur se faisant librement, le froid sur la Lune, pendant la nuit de 15 jours, est excessif. Le baromètre marquerait invariablement 0°; l'eau ne monterait dans aucune pompe; les siphons ne couleraient pas, et les oiseaux retomberaient à terre, je veux dire à Lune, comme du plomb.

LES PLANÈTES

Les planètes nous apparaissent comme des étoiles, parfois plus brillantes que les plus belles des étoiles (Vénus, Jupiter), ou d'un éclat moyen (Mars, Saturne), ou très faible (Uranus); Neptune est invisible à l'œil nu. Il faut les chercher au ciel à peu près dans le plan de l'écliptique, sur le chemin que le Soleil a parcouru le jour, parce qu'elles se meuvent à peu près dans le plan de l'écliptique. Elles se déplacent parmi les étoiles et le mouvement devient apparent après une ou quelques semaines d'observation assidue; tantôt elles semblent s'avancer vers l'occident (élongations), tantôt rétrograder vers l'orient par une sorte de boucle.

Entre une élongation et une rétrogradation, on observe une *station*, pendant laquelle la planète s'éloigne seulement ou se rapproche de nous. Les mots élongation et retrogradation ont été donnés par rapport au mouvement apparent du Soleil.

Sans la révolution de la Terre, les planètes extérieures à notre orbite rétrograderaient plus ou moins vite, mais toujours; l'effet contraire est dû à la translation plus rapide de notre globe autour du Soleil; on peut aisément s'en convaincre par un petit croquis sur une feuille de papier représentant l'écliptique. Par rapport à la Terre supposée immobile, les planètes décrivent des épicycloïdes d'une rare élégance; M. Flammarion en a figuré quelques-unes dans son Astronomie populaire. (p. 416 et suivantes.)

Mercure

Distance au Soleil : environ 14 millions de lieues.

Comparé à la Terre, Mercure a un diamètre de 3/8, un volume de 1/17, une masse de 1/23. Étant connue la masse de la Terre, on calcule celle des autres planètes d'après les perturbations qu'elles font subir aux astres de leur voisinage. La densité de Mercure égale 4 seulement, et la pesanteur vaut 1/3 de ce qu'elle est à la surface de la Terre.

Mercure a une année de 87 jours.

La durée de la révolution des planètes est commandée par leurs distances au Soleil. Le poids et le volume de la planète sont ici hors de cause; de même, dans le vide, le plomb et la plume tombent également vite. En parcourant la série des planètes, on verra ceci : l'année de chacune d'elles s'accroît en même temps que l'éloignement du Soleil, pour une double raison : 1° le chemin à parcourir est plus long; 2° la lenteur de la marche augmente, puisque la force centrifuge doit constamment égaler l'attraction.

L'axe de Mercure est perpendiculaire sur le plan de son orbite, et ce plan fait un angle de 70° avec l'écliptique.

Les recherches de M. Schiapparelli (1889) ont établi que Mercure tourne toujours la même face vers le Soleil, comme la Lune vers nous. Il a donc une face torride et une glacée; sa rotation est lente, 1 tour en 87 jours; et les différentes phases éclairées qu'il nous montre sont des portions de l'hémisphère éternellement éclairé. L'uniformité de la rotation, combinée avec l'excentricité de l'orbite donnent une libration en longitude d'environ 47°. Un arc de 47° est donc le mouvement apparent du Soleil dans le ciel de Mercure, pour la face éclairée.

L'atmosphère de cette planète est plus dense que la nôtre; d'épais nuages y circulent sans cesse, et rendent l'observation du disque fort difficile.

L'orbite de Mercure s'écarte notablement du cercle, et l'excentricité atteint 1/5 du demi-grand axe.

Si Mercure a des habitants, ils doivent voir le Soleil, tantôt dix fois plus gros que nous ne le voyons, tantôt 4 fois seulement. Mercure reçoit du Soleil 6 ou 7 fois plus de chaleur que la Terre.

La vitesse de la révolution est presque double de celle de la Terre, et dépasse un million de lieues par jour.

Dans ses différentes positions autour du Soleil, Mercure présente des phases ; les miniatures des phases de la Lune. Il ne se montre jamais en plein, parce qu'il est alors perdu dans les rayons solaires, ou caché par l'énorme masse. On aperçoit Mercure le soir et le matin, dans le voisinage du Soleil ; il est rarement visible à l'œil nu, et toujours malaisé à observer, au moins dans nos contrées. Dans les régions équatoriales, le crépuscule est plus transparent, et la planète brille plus souvent à l'horizon. Il ne devance ou ne suit jamais le Soleil de deux heures entières. Le maximum d'éclat arrive quand le disque est éclairé un peu plus qu'à moitié. Les passages de Mercure devant le Soleil ont lieu 12 ou 13 fois par siècle.

Sur son croissant, on a remarqué des échancrures qui trahissent de hautes montagnes.

Le calcul indique, entre Mercure et le Soleil, un certain nombre d'astéroïdes, ou petites planètes. En outre, on possède plusieurs observations directes de points noirs ayant traversé le disque solaire.

Vénus

Distance au Soleil : 26 millions de lieues. Diamètre, volume et poids un peu moindres que les grandeurs correspondantes de la Terre. Aucune autre planète n'est aussi semblable à la nôtre.

L'année de Vénus est de 224 jours, avec, pendant ce temps, une seule rotation, de manière que Vénus, comme Mercure, tourne toujours la même face vers le Soleil. L'axe de rotation est sensiblement perpendiculaire sur le plan de l'orbite (Schiaparelli). L'orbite se rapproche beaucoup du cercle.

L'atmosphère de Vénus est dense. Des nuages abondants se

montrent comme des taches brillantes et mobiles, et rendent l'observation de la surface difficile. On a pu néanmoins constater la présence de hautes montagnes et, dans le voisinage de l'équateur, des taches sombres ; on suppose que ces dernières représentent des océans, parce que l'eau absorbe plus de lumière que les terres.

Vénus, c'est tantôt l'étoile du soir, Vesper, tantôt l'étoile du matin ou du berger, Lucifer. Elle est parfois en retard de trois heures (maximum) sur le Soleil, ou bien en avance. Après la Lune, c'est l'astre nocturne le plus brillant du ciel, tellement qu'elle peut la nuit projeter l'ombre des choses, et qu'elle est parfois visible en plein jour. Les populations ont déjà crié au miracle en voyant Vénus au-dessus de quelque monument. L'éclat de Vénus varie périodiquement, en raison de ses phases et de son éloignement.

De Vénus, le Soleil paraît notablement plus gros que de la Terre, et celle-ci ressemble à une superbe étoile.

Vénus reçoit du Soleil deux fois plus de chaleur que nous.

Au télescope, Vénus offre des phases comme la Lune, et pour la même cause. Voici trois aspects, dans lesquels les grandeurs apparentes relatives sont conservées :

1. Vénus à 65 millions de lieues de nous, pleine, mais moins brillante que lorsqu'elle montre son croissant Conjonction supérieure.

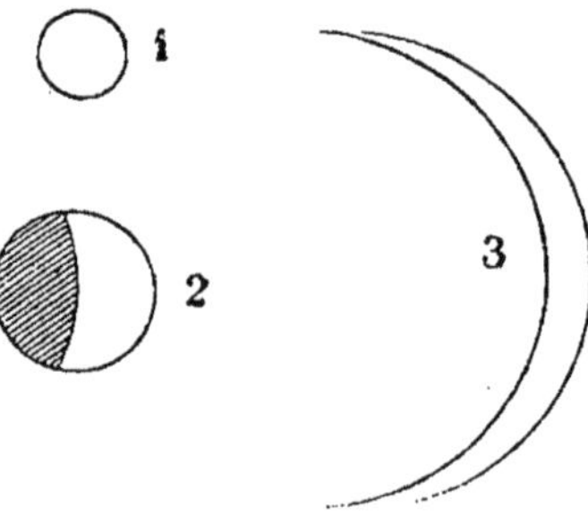

Fig. 22. — Phases de Vénus.

2. Vénus en quadrature, étoile du soir. La phase intermédiaire entre 2 et 3 est la plus brillante.

3. Vénus à dix millions de lieues de nous. Tourné dans ce sens, le croissant apparaît après le coucher du Soleil. Quelques semaines plus tard, dans le voisinage immédiat du Soleil, la planète devient invisible ; puis elle reparaît comme étoile du

matin, avec les cornes tournées vers la droite. Elle a dépassé la conjontion inférieure.

Ces phases furent découvertes en 1610 par Galilée, la première fois qu'il essaya, sur la tour de Saint-Marc à Venise, la lunette qu'il venait de construire.

Comme la Terre tourne dans le même sens que Vénus, et moins vite, il s'écoule beaucoup plus de temps que l'année de 224 jours, entre deux passages de Vénus devant ou derrière le Soleil; il faut 580 jours environ. C'est le problème des deux courriers.

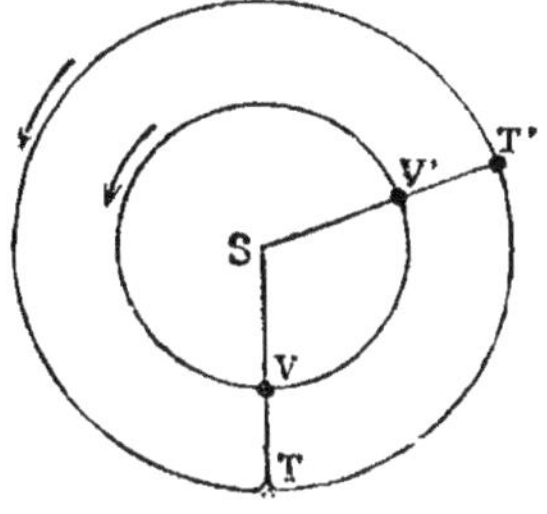

Fig. 23. — Passages de Vénus

Soit x le nombre de jours terrestres nécessaires pour amener la position V'T' après l'alignement VT. Vénus aura parcouru 360° + l'angle VSV'; la Terre, l'ange VSV' seulement.

Or, en un jour, V parcourt l'angle $\frac{360}{224}$, et en x jours : $\frac{360\,x}{224}$.

En un jour, T parcourt $\frac{360}{365}$ et en x jours : $\frac{360\,x}{365}$.

On a donc l'équat.on :

$$\frac{360\,x}{365} = \frac{360\,x}{224} - 360$$

D'où l'on tire aisément la valeur de x.

Le plan de l'orbite de Vénus ne coïncide pas avec l'écliptique (angle d'environ 3°30'), et les passages de Vénus devant le Soleil sont fort rares; on n'en compte pas deux par siècle, et ils se présentent toujours par couples, à 8 ans d'intervalle. On peut les voir sans lunette, en protégeant l'œil par un verre noirci. Il y en a eu un en 1874; le dernier a eu lieu le 6 décembre 1882. On n'en observera plus avant 2004. Les astronomes attachent la plus grande importance à ces passages; en 1882, une quarantaine de missions scientifiques ont été envoyées par différents gouvernements dans les pays où l'on pouvait observer le phénomène depuis le commencement jusqu'à la fin. A Paris, Vénus s'est engagée sur le bord du disque solaire à 14 h. 4' pour en sortir à 20 h. 22', mais le ciel est resté couvert toute la journée sur l'Europe occidentale, et les lunettes braquées n'ont vu défiler que les nuages ; à Anvers, cependant, on a pu voir durant quelques minutes le disque noir de la planète sur le Soleil.

L'Amérique présentait des conditions plus favorables, et la plupart des missions s'y sont installées. Elles n'ont pas été toutes également favorisées ; citons cependant l'observatoire de Santiago (Chili), qui a eu un ciel splendide depuis le commencement jusqu'à la fin du phénomène.

Le passage de Vénus sert de base à la détermination de la *parallaxe* solaire, c'est-à-dire de l'angle sous lequel un observateur placé au centre du Soleil verrait le rayon terrestre. De cette parallaxe, par un calcul simple, on déduit la distance de la Terre au Soleil ; il ne s'agit plus que de résoudre un triangle rectangle dont on connaît un côté de l'angle droit et un angle aigu. L'hypoténuse sera la distance cherchée, de centre à centre. Cette parallaxe est comprise entre 8″8 et 8″9. Il est à remarquer que ce faible écart d'un dixième de seconde entraîne une erreur d'un demi-million de lieues sur la distance de la Terre au Soleil.

Après Vénus, vient la Terre, à 37 millions de lieues ; puis Mars.

Mars

Distance moyenne au Soleil : 56 millions de lieues, soit 19 millions au-delà de l'orbite terrestre. A cause de l'ellipse qu'il parcourt, Mars est parfois à 14 millions de lieues de la Terre seulement. Dans ces conditions favorables pour l'observation, pendant l'opposition de 1877, on lui a découvert deux petites lunes, dont une à peine plus grosse que la ville de Paris. L'une des deux terminant sa révolution en 7 ou 8 heures autour de la planète qui accomplit sa rotation en 24 heures, semble tourner à l'envers de l'autre.

Diamètre : 1700 lieues. Volume 1/6 de la Terre ; poids 1/9. Un kilogramme sur Mars ne pèserait que 374 grammes. Aplatissement 1/30 environ. Les journées de Mars ne sont que d'une demi-heure plus longues que les nôtres.

L'équateur de Mars fait avec le plan de l'orbite un angle de 28°42'; les saisons se marquent un peu plus que les nôtres. Cette inclinaison représente l'obliquité maximum que peut prendre l'axe de la Terre. Angle du plan de l'orbite et de l'écliptique 1°51'.

L'année martiale est de 687 de nos jours, de 668 jours martiaux. L'ellipse de Mars est notablement allongée, et la différence de durée entre la saison froide et la saison chaude plus grande que pour la Terre.

On peut dresser le tableau comparatif suivant entre les saisons sur l'hémisphère nord des deux planètes :

TERRE

Printemps	93	jours	terrestres	Différence = 7
Eté	93	»	«	
Automne	90	»	»	
Hiver	89	»	«	

MARS

Printemps	191	jours	martiaux	Différence = 76
Eté	181	»	«	
Automne	149	»	»	
Hiver	147	»	»	

L'atmosphère de Mars est analogue à celle de la Terre. L'eau martiale a la même composition que l'eau terrestre; l'analyse spectrale l'a démontré. On distingue autour de Mars des nuages mobiles; les glaces polaires varient régulièrement suivant les saisons. Les terres martiales sont découpées par des mers nombreuses, des golfes variés. Il y a un peu plus de terre que d'eau. En 1888 et 1890, M. Schiapparelli y a découvert un système de canaux parallèles 2 à 2, qui reste jusqu'à présent inexpliqué,

Mars apparaît à l'œil nu comme une étoile rougeâtre, parfois aussi brillante que les étoiles de première grandeur. De Mars, le Soleil paraît moitié plus petit que de la Terre, et la Terre figure une forte étoile. Mars reçoit du Soleil deux fois moins de chaleur que nous.

Mars présente des phases, mais jamais de croissant, parce que la Terre est beaucoup plus près du Soleil que Mars. Cette observation s'applique, à plus forte raison, aux quatre grosses planètes, plus éloignées. Il passe à minuit à notre méridien tous les 26 mois. C'est le temps de la révolution synodique, ou retour à la même position apparente par rapport au Soleil.

En Belgique M. Terby, de Louvain, a étudié spécialement cette planète.

Les astéroïdes

Entre Mars et Jupiter, existe une zone, un anneau plat, large de 114 millions de lieues, et peuplé de planètes très petites, visibles seulement au télescope, mais fort nombreuses. On en connaît aujourd'hui plus de 600. Comme pour les satellites des planètes, les découvertes d'astéroïdes deviennent d'autant moins intéressantes que les dimensions sont moindres.

Toutefois, le principal essaim est compris entre 74 et 120 millions de lieues du Soleil.

On découvre ces planètes surtout par la méthode photographique de Max Wolf. Leur masse totale vaut au plus 1/3 de la masse de la Terre. Se sont illustrés dans cette recherche MM. Goldschmidt et Chacornac à Paris, Luther à Bilk, Hind à Londres, Pogson à Oxford, Palisa à Vienne.

Les durées des révolutions varient de 3 à 6 ans, selon que les astéroïdes sont plus ou moins éloignés du Soleil. L'excentricité des orbites est forte et atteint 4/10 du demi-grand axe. Peut-être les Lunes de Mars et de Jupiter sont des astéroïdes déviés.

Médusa est la plus proche (55 millions de lieues), *Hilda* la plus éloignée (166 millions). *Atalante* n'a guère que 8 lieues de diamètre. Plusieurs possèdent certainement une atmosphère. *Junon* passe à 260 lieues seulement de *Clotho*. Il en est de polyédriques. A leur surface, la pesanteur est presque nulle.

On suppose que ces parcelles proviennent de la condensation d'un anneau nébuleux, sous l'influence troublante du voisin Jupiter. On peut, dans l'essaim principal, distinguer quatre anneaux de condensation spéciale. Nous verrons que l'anneau de Saturne se partage aussi par des zones obscures, moins fournies.

Le Soleil vu
de Neptune
d' Uranus
de Saturne
de Jupiter
des astéroïdes
de Mars.
de Mercure
de Vénus
de la Terre

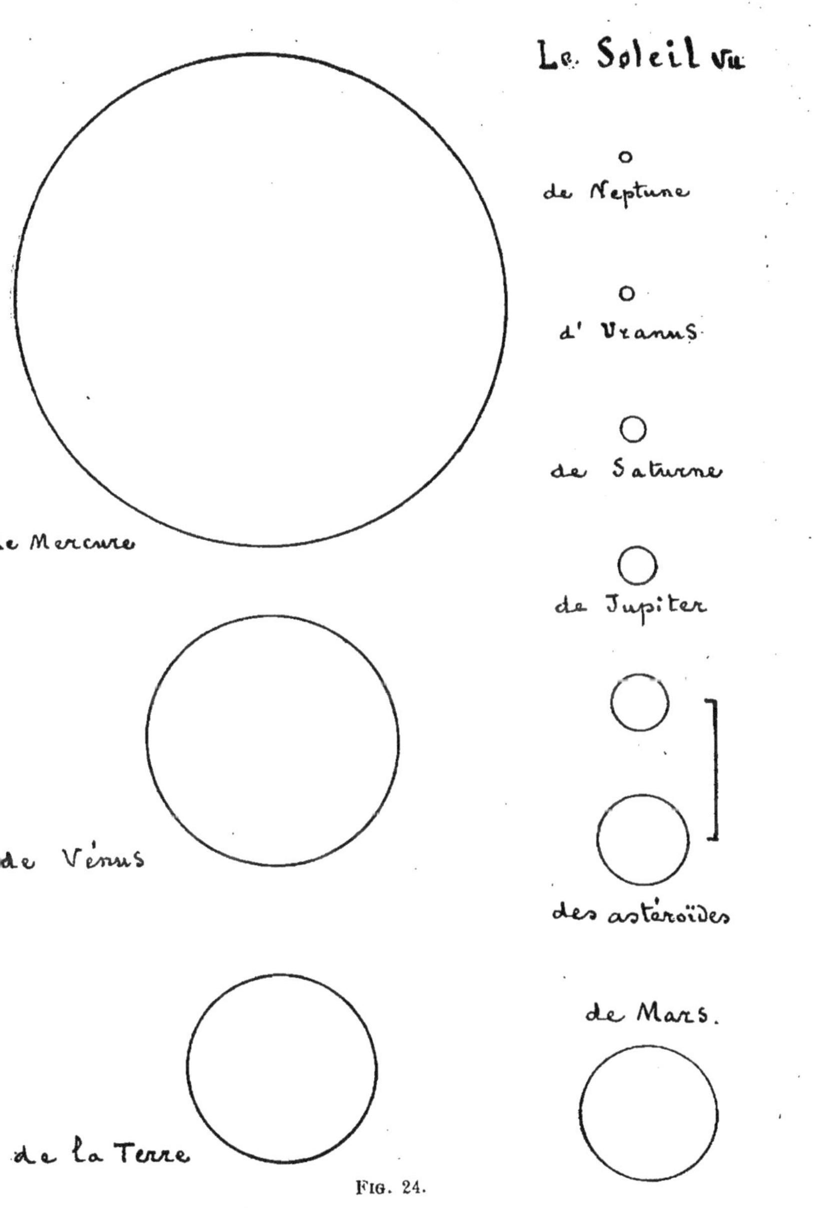

FIG. 24.

Jupiter

Distance au Soleil : 192 millions de lieues. Durée de la révolution : près de douze de nos années. Rotation excessivement rapide, en moins de dix heures ; l'année jovienne comprend 10,455 jours ; le jour et la nuit durent chacun moins de cinq heures. Angle du plan de l'orbite et de l'écliptique 1° 18'.

Tous les 13 mois environ, Jupiter est en opposition. C'est le moment de son plus grand éclat et de sa plus grande proximité (145 millions de lieues) ; il peut projeter des ombres sur un papier blanc. La planète reste alors visible toute la nuit, comme la pleine Lune et pour la même raison ; à ce signe, on peut affirmer l'opposition.

L'aplatissement de Jupiter aux pôles est considérable et vaut 1/17 du diamètre ; il est déjà bien apparent sans mesure spéciale dans une faible lunette. Cette forme est en rapport avec la vitesse de rotation : on peut l'attribuer à la force centrifuge vers l'équateur. Plusieurs savants supposent que Jupiter est actuellement à l'état pâteux, à cause de la chaleur propre de l'astre.

C'est la plus grosse des planètes : son diamètre à l'équateur vaut plus de onze fois le diamètre de la Terre : 35,500 lieues. Sa circonférence à l'équateur est de 111,000 lieues. Son volume est de 1,200 fois celui de la Terre, soit à peu près le millième du Soleil, et son poids 300 fois seulement celui de notre planète, attendu que sa densité vaut seulement le quart de la nôtre. L'attraction de Jupiter cause des perturbations notables dans les mouvements des autres planètes, sans excepter la Terre.

A la surface de Jupiter, un kilogramme pèserait 2,500 grammes. Il faut tenir compte, en calculant l'intensité de la pesanteur, non seulement de la masse, mais encore de la distance au centre. Ainsi, une planète pesante, mais peu dense, attirera moins les corps de sa surface qu'une autre de même poids, mais condensée sous un moindre volume. Une des lois de l'attraction est qu'elle diminue comme le carré de la distance. A la distance de la Lune, un corps attiré par la Terre ne parcourrait, pendant la première seconde de chute, qu'un millimètre et un tiers.

Jupiter est entouré d'une immense couche nuageuse mobile, avec bandes vers la région équatoriale. Depuis 1878, une forte tache rouge, placée vers l'équateur de la planète, tourne avec celle-ci. L'atmosphère est épaisse; on y a observé un gaz qui n'existe pas dans l'atmosphère terrestre.

L'axe est perpendiculaire au plan de l'orbite; donc, le jour est égal à la nuit toute l'année et sous toutes les latitudes, et les saisons n'existent pas.

Pour Jupiter, le Soleil paraît 25 fois plus petit et moins chaud que pour la Terre. Les quatre premières planètes sont à peine visibles, et elles restent dans le voisinage du Soleil.

Jupiter possède quatre lunes, connues depuis longtemps, tournant autour de la planète d'un mouvement fort rapide, dans le plan de l'écliptique ou peu s'en faut, à des distances qui varient entre 100,000 et 500,000 lieues. Rarement elles se trouvent ensemble du même côté de l'astre. La 3e est deux fois plus grosse que Mercure. On assure que des vues très perçantes peuvent les discerner sans lunette toutes les quatre. Mais la 3e, qui a l'éclat d'une étoile de 6e grandeur, est déjà fort difficile à saisir dans les rayons de la planète.

Le premier de ces satellites, (le plus rapproché), accomplit sa révolution en moins de deux jours, exactement 42 h. 28′ 36″, et comme il passe chaque fois dans l'ombre de Jupiter, il en résulte une série d'éclipses à des intervalles qui devraient être parfaitement réguliers. En fait, cette régularité n'existe pas, et partant de cette observation, Rœmer calcula, en 1675, la vitesse de la lumière.

Voici une idée du procédé. Soit S le Soleil, autour duquel tourne la Terre T suivant une orbite indiquée; soit J Jupiter, dont une partie de l'orbite seulement est tracée; et L sa première lune, avec orbite complète.

Quand la Terre est en T, le satellite sort de l'ombre portée par la planète à des intervalles qui sont réguliers, si l'on n'en compare que deux ou trois consécutifs. Mais à mesure que la Terre, tournant autour du Soleil, s'éloigne de Jupiter, il y a un petit retard, d'éclipse en éclipse, et quand la Terre est en T', on note que le total de ces retards est de 16' 26''. C'est le temps qu'il a fallu à la lumière pour aller de T en T', ou pour parcourir un diamètre de l'orbite terrestre. Pour aller de la Terre au Soleil, ou réciproquement, il lui faut donc la moitié de ce temps.

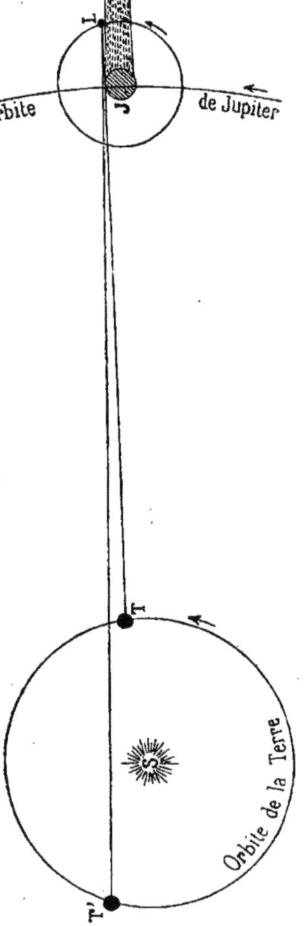

Fig. 25. — Eclipses des satellites de Jupiter

Quand la Terre revient de T' en T, au lieu d'un retard, on observe une avance, précisément égale. A chaque éclipse, en effet, la lumière du satellite emploie un peu moins de temps pour parvenir à la Terre, qui se rapproche.

D'autres procédés, absolument différents, ont donné pour la vitesse de la lumière des résultats fort rapprochés, sinon identiques.

Le 4e satellite seul, le plus éloigné, ne passe pas dans le cône d'ombre à chaque révolution, et il peut être vu de Jupiter comme pleine lune.

Des satellites plus petits ont été découverts dans ces derniers temps et sont venus s'ajouter aux 4 lunes classiques. Le 6e et le 7e ont été trouvés par Perrine à l'observatoire du Mont Hamilton. De même que pour les astéroïdes, on n'est jamais sûr d'avoir recensé le dernier de ces petits corps célestes.

Saturne

Distance au Soleil : 355 millions de lieues. Apparence : une étoile de lumière blafarde et plombée; de Saturne, la Terre ne serait visible que dans les meilleures lunettes. Révolution en 29 ans et 1/2. Angle du plan de l'orbite et de l'écliptique 2° 29'.

Circonférence : près de 100,000 lieues. Volume : 864 fois le volume de la Terre; poids : 92 fois seulement, parce que la densité de Saturne ne dépasse pas celle du bois d'érable. Saturne tout entier flotterait sur l'eau, si l'on pouvait lui fournir un océan assez profond.

Aplatissement au pôle 1/10. Rotation en 10 h. 1/4, à peu près comme Jupiter. L'année de Saturne comprend 25,060 jours. A cause de son éloignement, il reçoit 90 fois moins de chaleur et de lumière que nous.

Vers l'équateur de Saturne, on remarque des bandes parallèles (nuages?) comme sur Jupiter. Cet équateur est fortement incliné sur le plan de l'écliptique.

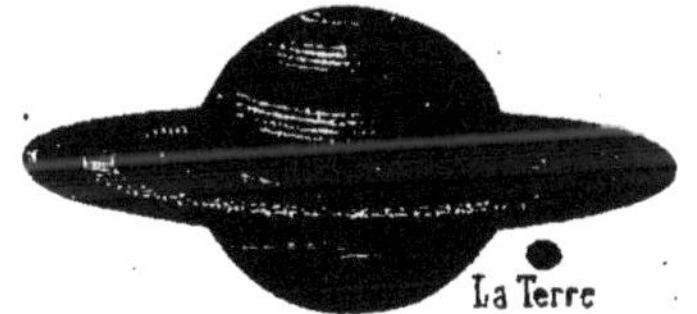

Fig. 26. Saturne et la Terre.

La merveille de Saturne, c'est l'anneau plat qui l'accompagne, éloigné de 7,000 lieues de la planète, large de 11,800, épais de 15 à 17 lieues. Il est orienté dans le plan de l'équateur de Saturne, et il tourne dans le même sens. On y distingue des anneaux obscurs ou séparations. Les zones les plus externes sont les plus brillantes.

D'après les lois de l'équilibre céleste, l'anneau ne doit se composer, ni de matière solide d'une seule pièce, ni de matière liquide, mais de substances granuleuses. Les parcelles sont assez espacées, car on peut apercevoir au travers le profil de la planète dans certaines circonstances favorables. Comme alors la figure de l'astre n'est pas altérée, on conclut qu'il n'y a pas de réfraction, et qu'il ne peut être question d'un anneau liquide.

Depuis qu'on observe Saturne, on a remarqué un lent rétrécissement de l'anneau, qui se rapproche ainsi de la planète.

Saturne est fort loin de nous, et l'on peut supposer qu'il tourne autour de la Terre, tantôt plus près, tantôt plus loin. Or, l'axe de Saturne reste toujours parallèle à lui-même; voilà pourquoi l'anneau, conservant toujours son obliquité, à peu près égale à l'inclinaison de notre équateur sur l'écliptique, se présente deux fois de tranche et deux fois de face en 29 ans et 1/2. De même un astronome regardant du Soleil l'équateur de la Terre, le verrait de tranche aux équinoxes et de face aux solstices.

En 1878, l'anneau était vu de tranche, c'est-à-dire dans les conditions les plus difficiles; en 1884, on a pu l'observer dans les conditions les plus favorables, faisant à la planète deux anses; en 1893, il nous a de nouveau présenté la tranche.

Au-delà de l'anneau, tournent huit lunes, dont sept dans son plan. La plus éloignée est à 1 million de lieues de la planète; c'est celle dont l'orbite se rapproche le plus du plan de l'écliptique. La 6e est plus grosse que Mars. On est parvenu à établir que les satellites de Jupiter et au moins Japet de Saturne tournent toujours la même face vers la planète. C'est donc une loi générale pour les satellites, et en outre pour Mercure et Vénus. L'atmosphère de Saturne est différente de la nôtre; en outre, elle ne renferme pas d'eau. Sur l'anneau, on ne remarque aucune atmosphère.

Saturne formait, jusqu'à la fin du siècle dernier, la limite extrême du monde planétaire.

Un neuvième satellite a été découvert par M. Barnard, à l'observatoire Yerkes. C'est Phoebe, qui n'a pas même l'éclat d'une étoile de 16e grandeur.

Uranus

Découvert en 1781 par William Herschell.

Distance au Soleil : 773 millions de lieues. Révolution : 84 ans, avec une vitesse de 100 lieues à l'heure seulement. Rotation : environ 10 heures. Diamètre : 13,400 lieues. Volume :

74 fois celui de la Terre; poids : 15 fois seulement. Aplatissement considérable aux pôles.

L'atmosphère d'Uranus renferme des gaz qui ne se trouvent pas sur la Terre. Dans le plan de son équateur, quatre lunes tournent *à l'envers*, exception bien rare dans notre système planétaire.

L'équateur forme avec le plan de l'écliptique un angle de 76°. Donc, pendant 21 ans (sur 84), le Soleil est presque dans l'axe d'un pôle. Le Soleil, vu d'Uranus, semble une forte étoile; il est 390 fois moins brillant et moins chaud que pour nous. Le plan de l'orbite et le plan de l'écliptique font ensemble un angle de 46′ environ.

Uranus nous apparaît comme une étoile variant de la 6e à la 7e grandeur; il est visible à l'œil nu, quand les conditions sont les plus favorables.

D'Uranus — à plus forte raison de Neptune et de tout le reste de l'Univers au-delà — la Terre, dont nous sommes si fiers, serait invisible, même dans les meilleurs instruments.

Neptune

En 1821, Bouvard, ayant remarqué certaines irrégularités dans la marche d'Uranus, les attribua à la présence d'une planète inconnue. Car, non seulement le Soleil attire les planètes, mais encore les planètes s'attirent entre elles, et nous avons vu que l'action de Jupiter sur la Terre n'était pas à négliger.

M. Leverrier à Paris, et M. Adams à Cambridge, calculèrent séparément la position de cette planète, sans l'apercevoir; ils la fixèrent au bout de leur plume. Un mois après, le 3 septembre 1846, M. Galle, de Berlin, dirigea sa lunette vers le point du ciel indiqué par le calcul, et il vit le premier la planète. Il n'y a rien d'admirable comme l'histoire de cette découverte.

Distance au Soleil : 1,100 millions de lieues. Révolution : 165 années. Invisible à l'œil nu; ressemble à une étoile de 8e grandeur. Angle du plan de l'orbite et de l'écliptique 1°46′. Possède une lune. Neptune tourne à l'envers, comme les lunes d'Uranus. Cette rotation est excessivement rapide; de 10 ou 11 h.

Volume 84 fois le volume de la Terre; poids 18 fois; densité de l'eau. L'atmosphère de Neptune renferme des gaz inconnus.

De Neptune, le Soleil paraît 900 fois plus petit que de la Terre; ce n'est plus qu'une belle étoile. Toutes les étoiles sont continuellement visibles; la nuit est perpétuelle. La vue du ciel étoilé est celle qui se présente à nous aux époques où la Lune est nouvelle. Une différence de 1,100 millions de lieues est sans influence en face des distances stellaires, à moins de prendre des mesures dans des instruments de précision.

Neptune reçoit du Soleil 900 fois moins de chaleur que nous. Ce n'est guère.

Coup d'œil rétrospectif. Loi de Bode

La véritable forme du système planétaire est un disque de 2,200 millions de lieues de diamètre. Jamais les planètes ne s'écartent de l'écliptique de 8°; donc l'épaisseur du disque est au plus 16°, largeur de la ceinture zodiacale. La lumière, seule unité possible ici, mettrait environ 8 h. et 1/4 à parcourir ce diamètre.

La lumière de l'étoile la plus proche emploie 3 ans et 1/2 pour nous parvenir.

Les deux premières planètes ont le mouvement de satellite : une révolution dans le temps d'une rotation. Les deux suivantes tournent sur elles-mêmes à peu près en 24 heures, et les quatre grosses, en 10 heures seulement.

La vitesse de translation diminue à mesure que croît l'éloignement du Soleil, la force centrifuge restant toujours égale à la gravitation. Ainsi :

Vitesse en kilomètres par seconde :

Mercure	58	Jupiter	13
Vénus	37	Saturne	10
Terre	30 1/2	Uranus	7
Mars	24 1/2	Neptune	5 1/2

En multipliant chaque vitesse par 1,414 ou $\sqrt{2}$, on obtient la vitesse de la planète inférieure.

Un moyen artificiel permet de retenir les distances des planètes au Soleil; le voici :

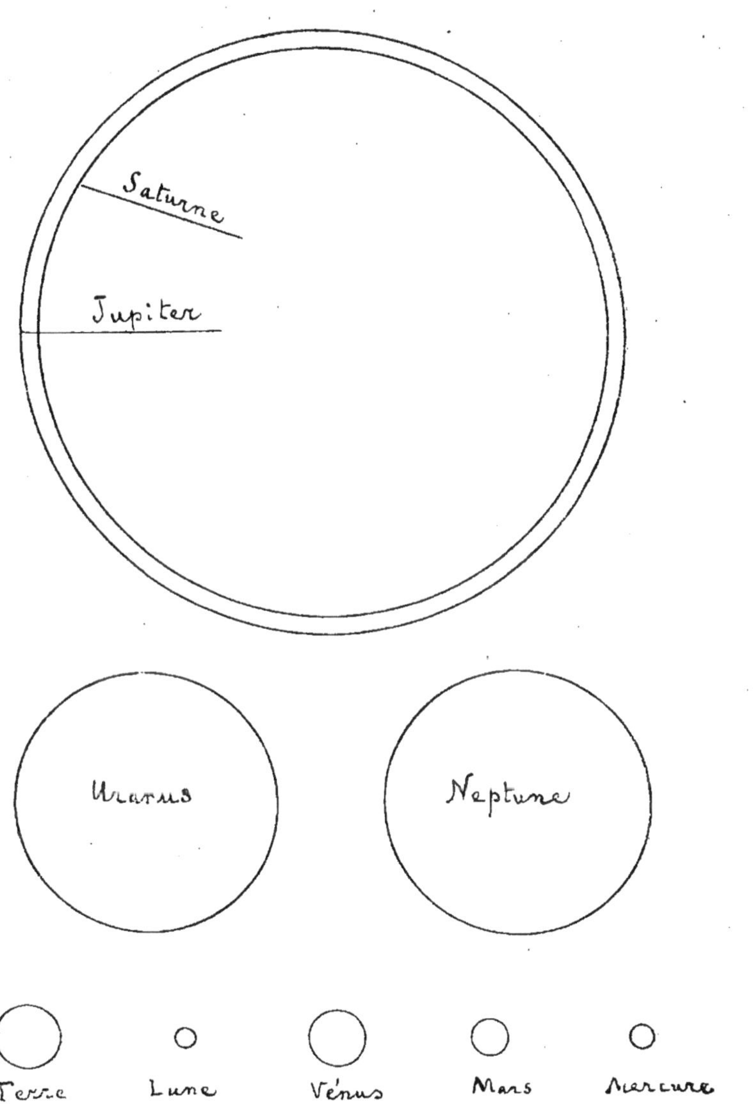

Fig. 27. Dimensions comparées des planètes.

On écrit sur une ligne les nombres 0, 3, 6, 12... en doublant toujours; puis, en dessous de chacun d'eux, le même nombre augmenté de 4 :

0	3	6	12	24	48	96	192	384
4	7	10	16	28	52	100	196	
Mercure	Vénus	Terre	Mars	Astéroïdes	Jupiter	Saturne	Uranus	Neptune

Il est aisé de se rappeler que le rayon de l'orbite terrestre est de 37 millions de lieues, et il suffit de multiplier chacun des nombres de la série inférieure par 1/10 de cette grandeur pour obtenir en lieues, approximativement, le rayon de l'orbite planétaire correspondante.

Approximativement! La série exacte, à un dixième près, serait : 3,9. 7,2. 10. 15,2. 20 à 35. 52. 95. 192. 300. Donc la plupart des nombres vrais pèchent par une faible différence dans le même sens : en moins. Peut-être les planètes circulent-elles aujourd'hui, dit J. Ch. Houzeau, en dedans de leurs orbites primitives, à cause de la résistance d'un milieu matériel qu'elles auraient eu à traverser. L'éther des physiciens?

Cette loi a été trouvée par l'astronome Titius, au siècle dernier, mais elle porte ordinairement le nom de Bode qui l'a publiée.

Pour donner une idée des grosseurs et des distances de ces astres, William Herschell représente le Soleil par une grosse bombe, au milieu d'une plaine bien unie. Sur cette plaine vont se mouvoir nos planètes, que l'on pourra désigner de la manière suivante :

Diamètre en millimètres			
650	La bombe au centre.		Soleil
2	Grain de moutarde,	27 mètres de la bombe	Mercure
5	Petit pois,	47 » » »	Vénus
6	Pois,	72 » » »	Terre
1	Tête d'épingle,	109 » » »	Mars
	Des grains de sable,	200 » » »	Astéroïdes
66	Orange,	366 « » «	Jupiter
60	Petite orange,	666 » » »	Saturne
22	Grosse cerise,	1366 » « »	Uranus
27	Reine-claude,	2500 » » »	Neptune

Plus exactement, l'orbite de la Terre seule sera comprise dans le plan géométrique de notre plaine, qui est l'écliptique.

ÉTOILES

Notation. On désigne souvent les étoiles par des lettres grecques que l'on prononce ainsi :

α	alpha	δ	delta	η	êta	κ	cappa
β	bêta	ε	epsilon	θ	thêta	μ	mu
γ	gamma	ζ	dzêta	ι	iota	ν	nu

Les plus brillantes seulement ont des noms particuliers.

Distances. L'étoile la plus rapprochée est éloignée de nous de 6,000 fois le rayon de l'orbite de Neptune, de 6,000 fois 1,100 millions de lieues. Ces nombres restant inintelligibles pour nous, revenons à la vitesse de la lumière.

Le calcul de la distance des étoiles est excessivement difficile ; on n'a pu le réussir que pour quelques-unes dont voici le tableau :

Temps que la lumière emploie pour nous parvenir de :

l'étoile α du Centaure,	3	ans	6	mois
61e du Cygne,	6	»	5	»
β du Centaure,	6	»	7	»
Sirius,	14	«	2	«
Véga (α de la Lyre),	16	»		
ι de la Grande Ourse,	24	»	7	»
Arcturus,	25	»	1	»
Polaire,	50	»		
La Chèvre,	72	»		

Et si nous voyons s'éteindre tout-à-coup une de ces étoiles dans le ciel, les mêmes chiffres indiqueront le temps depuis lequel elle aura cessé de briller là-bas.

Grandeurs apparentes et nombre. Les étoiles ont été partagées artificiellement par ordre d'éclat; on en est réduit à des hypothèses sur leurs grandeurs réelles. On en compte 20 seulement de première grandeur; dans notre hémisphère, toutes ne sont pas visibles, et il en est qui restent continuellement en dessous de l'horizon. La liste suivante est faite par ordre d'éclat décroissant; de sorte que la 20ᵉ pourrait aussi bien être la 1ʳᵉ de la 2ᵉ grandeur.

1 Sirius*	11 Achernar
2 η du navire	12 Aldébaran*
3 Canopus	13 β du Centaure
4 α du Centaure	14 α de la Croix du Sud
5 Arcturus*	15 Antarès*
6 Rigel	16 Altaïr*
7 La Chèvre*	17 L'Épi de la Vierge*
8 Véga*	18 Fomalhaut*
9 Procyon*	19 Pollux*
10 Bételgeuse*	20 Régulus*

Les étoiles qui peuvent être vues en Belgique sont marquées d'un astérique; nous sommes donc avantagés. Les plus petites étoiles visibles à l'œil nu sont dites de 6ᵉ grandeur.

Total des 6 premières grandeurs : 6 à 7,000 étoiles.

Une jumelle de théâtre montre près de 16,000 étoiles de 7ᵉ grandeur, une longue-vue, environ 58,000 de 8ᵉ grandeur; une petite lunette astronomique, 200,000 de 9ᵉ grandeur; une lunette moyenne, 700,000 de 10ᵉ grandeur; et les bons télescopes, 2 1/2 millions de la 11ᵉ, 9 millions de la 12ᵉ grandeur, et des millions d'autres plus petites, plus éloignées probablement, qu'on appelle de 13ᵉ, de 14ᵉ et de 15ᵉ grandeur. On peut évaluer à cent millions le nombre des étoiles visibles dans les grands instruments, et qu'on peut fixer par la photographie.

Près d'un million sont cataloguées.

Pour voir les étoiles de l'hémisphère austral, par exemple, la superbe constellation nommée *Croix du sud*, il faut se rendre aux antipodes, sinon la masse de la Terre nous les cache en tout temps.

Lever et coucher des étoiles. — *Orion* est une constellation de notre ciel d'hiver; en été elle se lève le matin et se couche le soir, donc invisible. En septembre elle se lève vers minuit, et l'on peut alors la voir jusqu'au lever du Soleil; puis successivement à 23 heures, 22 heures, 21 heures, 20 heures, 19 heures, 18 heures... De sorte que si on la regarde tous les jours à la même heure, elle semblera faire en un an un tour complet, moitié au-dessus, moitié au dessous de l'horizon et dans le même sens que le Soleil.

Ainsi la plupart des étoiles se lèvent et se couchent à des heures différentes, selon les saisons, à cause de la révolution annuelle de la Terre. En effet, les étoiles ne sont visibles que pendant la nuit : le jour, elles s'effacent devant l'éclat du Soleil, et si l'on se reporte à la figure 6, on verra que la nuit, selon les saisons, embrasse des portions du ciel entièrement différentes. La Polaire et les groupes voisins restent constamment visibles vers le nord. Voici un tableau, dressé pour la Belgique à 21 heures du soir, qui aidera dans la recherche des étoiles.

1er janvier.	Au méridien : le Taureau, Aldébaran, les Pléiades.
1er février,	Un peu à droite du méridien : les Gémeaux.
1er mars.	Castor et Pollux sont passés. Procyon au sud. Les petites étoiles de l'Écrevisse à droite.
1er avril.	Le Lion, Régulus.
1er mai.	Queue du Lion. Chevelure de Bérénice.
1er juin.	Arcturus, Épi de la Vierge.
1er juillet..	La Balance, le Scorpion.
1er août.	Antarès, Ophiucus.
1er septembre.	Sagittaire, Aigle. Vers minuit, Fomalhaut.
1er octobre.	Capricorne, Verseau.
1er novembre.	Poissons.
1er décembre.	Bélier.

Il est aisé de résoudre les deux problèmes suivants, en se reportant au tableau schématique des douze positions de la Grande Ourse (Fig. 28).

A. Connaissant l'heure d'une montre, soit 21 heures, d'après la vue de la Grande Ourse, dire en quel mois on se trouve. La figure indique janvier. On voit que les étoiles décrivent en sens direct, pour une même heure, 30° par mois.

Si au lieu de 21 heures, il est 2 heures, il faudra simplement

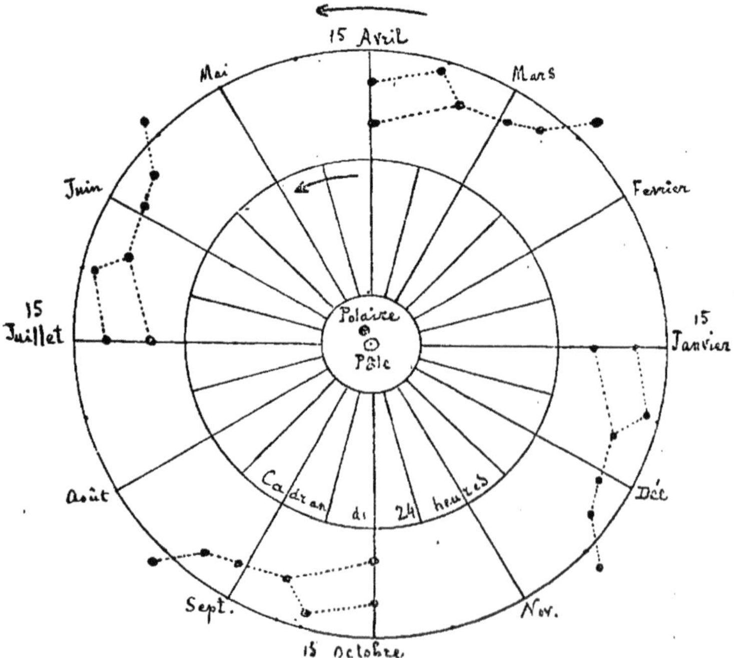

Fig. 28. — Mouvement apparent des étoiles autour du pôle. Schéma correspondant à 21 h.

avancer de sept heures sur notre cadran stellaire et l'on retombera sur le mois. On sait que les étoiles tournent en sens direct de 15° par heure. Sur notre schéma, l'inscription des mois reste immuable.

B. Connaissant le mois où l'on se trouve, dire l'heure la nuit à l'inspection de la Grande Ourse.

Reportons-nous au cadran précédent. Supposons le mois de janvier, c. à. d. la position de la Grande Ourse à 21 h.

Il sera facile de supposer les 24 h. du jour échelonnées en prenant ce point de départ et l'on compte 23, 24, 1, 2... jusqu'à ce qu'on ait rencontré la constellation.

Quelle que soit la position initiale de la Grande Ourse, il sera toujours facile, en procédant pareillement, de marquer les 24 heures; nous ne l'avons pas fait parce qu'il faut autant de cadrans horaires que de mois.

En moyenne, il y aura 12 heures non utilisables, à cause de la présence du Soleil au-dessus de l'horizon.

On ne prétend pas que l'exactitude de ces observations atteigne celle d'un chronomètre Bréguet...

Étoiles temporaires ou variables. Depuis Hipparque, qui étudiait le ciel 127 ans avant J.-C., des étoiles assez nombreuses se sont montrées brusquement, et ont disparu après plusieurs mois. De mémoire d'homme, 22 sont apparues et brillent encore aujourd'hui.

En 1876, une étoile a surgi dans la constellation du Cygne; elle renfermait de l'hydrogène incandescent; après quelques mois, elle s'éteignait.

D'autres se sont graduellement éteintes, ou bien ont augmenté d'éclat, ou bien ont changé de nuance.

Certaines étoiles offrent des variations d'éclat périodiques, depuis la 2e grandeur jusqu'à l'extinction. Les périodes varient beaucoup : un jour, un an, davantage, selon les étoiles.

Algol, tous les trois jours, passe de la 2e grandeur à la 4e. Elle prend 3 heures et demie pour s'éteindre, et 3 heures et demie pour se rallumer.

Mira de la Baleine, de 2e grandeur, s'éteint tous les 331 jours. On peut croire que des satellites énormes tournent autour d'elle.

Étoiles doubles. Les étoiles doubles offrent, dans le télescope, l'apparence de deux étoiles fort rapprochées; elles sont trop petites pour être vues à l'œil nu.

On connaît aujourd'hui près de 10,000 étoiles doubles, dont un millier en mouvement certain l'une autour de l'autre. Ce mouvement s'effectue en des périodes variant de 30 ans à 2,000 ans.

L'étude des mouvements de Sirius a conduit à cette conclusion théorique : il a un compagnon ; tous deux doivent tourner autour d'un centre de gravité commun. L'observation a confirmé la théorie : le compagnon de Sirius a été découvert en 1862, et observé plusieurs fois depuis cette époque.

Couleur des étoiles. Toutes les étoiles ne sont pas blanches ; un grand nombre possèdent une couleur propre. *Antarès, Aldébaran, Pollux,* sont rouges ; *la Chèvre* et *Altaïr* sont jaunes ; η de la Lyre, bleu foncé.

Parfois même, leur nuance varie. Sirius, rougeâtre dans l'antiquité, est aujourd'hui d'un blanc pur ; α de la Grande Ourse passe en un mois du jaune pâle au rouge.

La plupart des étoiles doubles sont colorées des nuances les plus vives : rouge et vert, rouge et bleu, bleu deux tons, jaune et violet.

Mouvements. Plusieurs étoiles semblent animées d'un mouvement propre de translation. *Arcturus* se déplace vers le S. O. et en 800 ans parcourt un espace égal au diamètre apparent de la Lune ; ce qui correspond à 600 millions de lieues par an, environ. *Sirius* se transporte vers un point diamétralement opposé à celui vers lequel se dirige notre système planétaire ; la distance entre Sirius et nous augmente de 700,000 lieues par jour. Cependant Sirius est tellement loin, que depuis 4,000 ans son éloignement ne s'est augmenté que d'un cinquantième, et l'éclat de cette superbe étoile n'a pas sensiblement varié.

La plus rapide des étoiles est la petite étoile télescopique de la Grande Ourse, qui se déplace de 7" par an.

C'est en discutant les mouvements d'environ 400 étoiles, qu'on a découvert le transport de notre système planétaire entier vers la constellation d'Hercule. En ce point, les étoiles semblent s'écarter les unes des autres, tandis qu'au point opposé, elles paraissent se rapprocher. C'est exactement l'effet qu'un voyageur observe en traversant une forêt : les arbres vers lesquels il s'avance s'espacent ; derrière lui, ils se rapprochent.

Constellations

On donne ce nom à des groupes d'étoiles, qui facilitent les recherches sur les cartes du ciel. Ces groupes sont artificiels; car des étoiles, fort proches en apparence, peuvent être fort éloignées en profondeur. L'idée de réunir les étoiles en constellations remonte à la plus haute antiquité.

Sur les cartes célestes, il faut bien figurer sur un seul plan, celui du papier, toutes les étoiles, projections selon les rayons d'une sphère dont notre œil occupe le centre, et prolongés plus ou moins, vers l'infini, selon la distance de chaque étoile.

On ne retrouve nullement dans le ciel les personnes et les choses qui ont donné leur appellation aux groupes d'étoiles; il faudrait beaucoup d'imagination, par exemple, pour voir une ourse dans les sept étoiles formant par leur réunion la *Grande Ourse*. Néanmoins, cette division du ciel en départements a une incontestable utilité.

Cherchons à nous orienter, en commençant par les constellations polaires, qui brillent toute l'année pendant les nuits serei-

Fig. 29. — La Grande Ourse.

nes. Sur les globes célestes, ne l'oublions pas, et sur beaucoup de cartes, le ciel est dessiné *à l'envers*, vu de l'extérieur, tandis que nous le contemplons, en nature, de l'intérieur. La Grande Ourse est ici figurée comme nous la voyons.

La première qu'il faut s'habituer à trouver, c'est la *Grande Ourse*, ou le *Chariot* (4 roues et un timon). Elle comprend

6 étoiles de 2e grandeur et une de troisième. Au-dessus de l'étoile ζ, on distingue une très petite étoile, que les Arabes nomment *Saïdak* (*l'épreuve*), ou plus souvent *Alcor*. Croirait-on qu'elle est distante de sa brillante voisine (*Mizar*) de 11′ 50″, plus du tiers du diamètre apparent de la Lune? Les autres étoiles de l'Ourse portent de beaux noms arabes :

α Dubhé	β Mérak	γ Phegda
δ Megrez	ε Alioth	η Benetnash

En prolongeant par le regard dans la direction de α, la ligne qui réunit les étoiles β et α, on rencontre l'étoile polaire, l'extrémité de la queue de la *Petite Ourse*.

Entre les deux Ourses s'étend une longue suite d'étoiles : la queue du *Dragon*.

L'immobilité de la Polaire dans le ciel peut servir à s'orienter et à retrouver son chemin la nuit; immobilité relative bien entendu, car la Polaire est distante du pôle vrai de plus de trois fois le diamètre apparent de la Lune.

Si l'on joint l'étoile ε de la Grande Ourse à la Polaire, et si l'on prolonge cette ligne au-delà de la Polaire d'une quantité égale, on rencontrera *Cassiopée*, un W. Entre Cassiopée et la Petite Ourse, on verra les trois étoiles de *Céphée*.

Des étoiles α et δ, tirons des lignes se coupant au pôle et prolongeons-les dans cette direction; le carré de *Pégase* sera compris dans l'angle marqué de cette façon au-delà du pôle.

En tirant la diagonale du carré de Pégase, vers Cassiopée, on sera dans la direction d'*Andromède*, de *Persée*, du *Cocher* et des *Gémeaux*, reconnaissables à leurs étoiles de 2e grandeur.

Le *Cygne* et la *Lyre* brillent dans le prolongement de l'autre diagonale.

Persée se trouve sur la ligne qui joint la Polaire aux Pléiades. La direction δ α de la Grande Ourse conduit aux constellations du Cocher et du *Taureau*, où brillent les étoiles de première grandeur, la *Chèvre* et *Aldébaran*; la direction δ β aux Gémeaux. Les distances angulaires dans l'un et l'autre cas valent une fois et demie l'intervalle qui sépare la Grande Ourse de la Polaire.

Dans ce voisinage, étincelle *Sirius*, toujours assez bas sur l'horizon. Ce coin du ciel d'hiver est riche en joyaux.

Sous le Taureau et les Gémeaux, plus près de l'horizon, est la splendide constellation d'*Orion*, un carré long formé par deux étoiles de 1re grandeur, *Bételgeuse* et *Rigel*, aux extrémités de la diagonale perpendiculaire au *Baudrier*, et par deux autres de 2e grandeur dont une en haut, près de Bételgeuse, s'appelle *Bellatrix*. Au centre du carré, les trois Rois, ou le Baudrier, trois étoiles de 2e grandeur alignées régulièrement.

En prolongeant dans un sens la ligne des trois Rois, on arrive à Aldébaran et aux Pléiades; dans l'autre sens, à Sirius.

Il faut chercher *Arcturus* dans le prolongement β γ de la Grande Ourse, et *Régulus* dans la direction δ γ.

Ceci suffira pour indiquer comment on peut se servir d'une carte en face du ciel étoilé. Avec un peu d'exercice, on nomme à première vue les principales constellations.

Nébuleuses

Outre les étoiles et les planètes, on distingue dans le ciel, parfois à l'œil nu, le plus souvent au télescope, des taches blanchâtres qu'un grossissement suffisant résout ordinairement en étoiles. Ce sont des *nébuleuses*, ou amas d'étoiles lointaines. L'analyse spectrale montre que d'autres nébuleuses, non résolubles, sont formées de gaz. On peut les regarder comme des mondes en voie de formation.

Près de 4,000 nébuleuses sont aujourd'hui connues, dont 400 résolubles.

Elles ont la forme de sphères, d'anneaux vus de face ou de tranche, de spirales multiples autour d'un centre, de disques lenticulaires, de masses biscornues et irrégulières. Parfois elles sont colorées.

Quand la nuit est bien claire, on observe dans le ciel une large traînée blanchâtre qui passe par les constellations suivantes : entre Orion et les Gémeaux, dans le Cocher, Persée, Cassiopée, le Cygne (où elle se bifurque), l'Aigle. C'est la *Voie lactée*. Dans l'hémisphère austral, elle se complète, et en définitive, elle décrit, sous forme d'anneau, le tour entier du ciel. Le plan de cet anneau est presque perpendiculaire sur l'écliptique.

Vers les pôles de la Voie lactée, aux extrémités de l'essieu de cette roue prodigieuse, se groupent principalement les nébuleuses non résolubles.

Voici maintenant l'ingénieuse hypothèse de W. Herschell :

Toutes les étoiles que nous voyons, et la Voie lactée entière, constituent une nébuleuse unique, ayant la forme d'un disque. Nous en occupons à peu près le centre. Dans des directions radiales, vers la circonférence du disque, où la profondeur est immense, on aperçoit, sous l'apparence de traînées blanches, les accumulations d'étoiles; dans des directions différentes, la profondeur est moindre, et l'on distingue des étoiles seulement.

Notre Soleil n'est qu'un point de la Voie lactée, dont William Herschell estimait à 35 millions le nombre d'étoiles; il est vraisemblablement resté bien en dessous de la vérité.

Or, rien n'empêche de supposer que chacun de ces soleils est aussi lourd, aussi gros, et aussi brillant que le nôtre; qu'il a, comme le nôtre, son cortège de planètes, et que chacune de ces planètes possède des satellites et des habitants. L'idée est parfaitement philosophique et conforme à la notion de l'Infini.

Si notre Soleil, qui a plus d'un million de lieues de tour, se trouvait transporté aussi loin de nous que Sirius, il deviendrait absolument invisible dans les meilleurs instruments. Il est donc bien plus petit que beaucoup d'*autres* étoiles.

Ceci pour la seule nébuleuse dont nous faisons partie. Or, nous savons que plusieurs milliers de ces nébuleuses sont visibles pour nous, et qu'il n'est pas possible de poser à l'Univers une limite dans l'espace.

La lumière des dernières étoiles de la Voie lactée nous arrive en 7 ou 8,000 ans. Une conséquence extraordinaire de cette *lenteur* de la lumière, est la suivante : si d'une étoile, dont le rayon nous arrive en 4,000 ans, on regarde aujourd'hui la Terre, on doit voir les Égyptiens construire la grande pyramide. Ici se confondent deux unités fort différentes : le temps et l'espace.

D'une nébuleuse moyenne, la lumière ne peut nous arriver en moins de cinq millions d'années. Ce fait est une preuve *mathématique* de l'ancienneté de l'Univers.

Comètes

Les comètes sont des astres chevelus (en grec *komè*, chevelure), dont l'apparition était considérée jadis comme le pronostic des plus effroyables malheurs. Plus tard, on a redouté les conséquences possibles d'un choc avec la Terre, mais il est aujourd'hui démontré que leur grande légèreté doit écarter toute idée de catastrophe. Elles ne représentent plus pour l'homme qu'un objet de vive curiosité. Les Chinois les appellent *soui* (balais).

Les ellipses des comètes se distinguent par les caractères suivants :

1° Elles sont excessivement allongées, de sorte que la vitesse de l'astre est prodigieuse au périhélie (de 7 à 20 millions de lieues par jour) et la lenteur extrême à l'aphélie. En outre, le passage à proximité des planètes est une cause de ralentissement, ou de déviation telle, que la comète, lancée hors du système planétaire, n'y reparaît plus. On peut même supposer une orbite si allongée que le deuxième foyer de l'ellipse est à l'infini ; l'ellipse devient alors une parabole, courbe ouverte à deux branches égales, et la comète ne nous apparaît qu'une fois.

2° Elles n'ont aucun rapport avec le plan de l'écliptique.

3° Le mouvement est direct ou rétrograde, selon les comètes.

On connaît plus de 600 comètes, mais celles dont le retour est calculé sont peu nombreuses. Leurs changements d'aspect presque continuels les rendent difficiles à étudier ; elles ne se présentent pas deux fois avec les mêmes apparences. Enfin, elles peuvent se perdre en route : la comète de Meissier a été happée par Jupiter en 1770. Leur origine semble être hors du système planétaire, peut-être dans les nébuleuses irrésolubles.

La plus remarquable comète de ce siècle fut celle de 1811. Celle de 1744 avait six queues en éventail.

On distingue dans une comète le noyau et la queue, ou chevelure. Celle-ci est parfois immense et occupe jusque 90° dans le ciel. La densité en est très faible : la queue doit peser au plus quelques milliers de kilogrammes. On voit les étoiles au travers, et sans réfraction des rayons lumineux. La queue ne représente donc pas un fluide gazeux, mais une poussière, une collection de parcelles solides, comme l'anneau de Saturne par exemple.

La queue est orientée de telle sorte qu'elle semble fuir le Soleil ; elle parait se développer dans le voisinage du Soleil seulement, et loin de cet astre, les comètes n'en ont pas ; peut-être par un effet de répulsion électrique, proportionnel, non aux masses, mais aux surfaces. La lumière des comètes provient du Soleil en majeure partie, sinon en totalité. Il est probable que la Terre a déjà traversé la queue de certaines comètes. On peut donner cette origine aux brouillards secs, qui sont parfois observés dans notre atmosphère, et qui ne portent préjudice à personne. En 1861, la Terre a dû traverser la queue de la comète qui a signalé cette année.

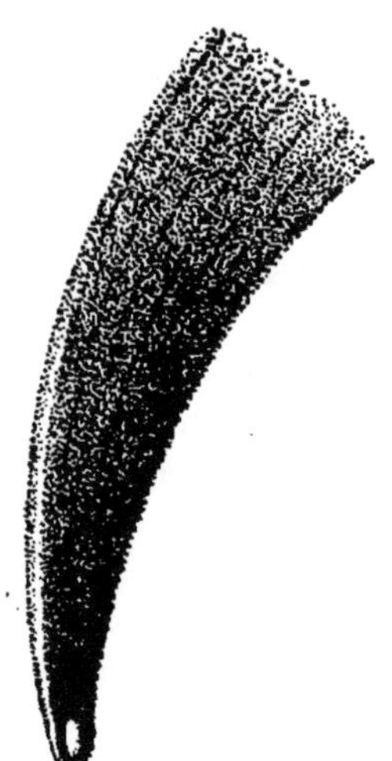

Fig. 30. — Comète de Donati. Septembre-octobre 1858

Le noyau est liquide ou solide ; il ne présente pas, même dans les meilleurs instruments, de contours nettement définis. Sans doute, c'est un amas de plus en plus dense formé de fragments solides.

Une masse purement gazeuse ne pourrait pas exister seule au sein de notre système planétaire ; elle serait absorbée par l'attraction des astres à proximité desquels elle passerait.

L'analyse spectrale indique dans le noyau des comètes du carbone et de l'hydrogène.

Les comètes apparaissent en général sans queue ; elles en prennent une dans le voisinage du Soleil seulement, et la perdent ensuite. Parfois, on croit voir ruisseler des ondes lumineuses depuis le noyau jusqu'à une certaine distance dans la direction de la queue.

Huit comètes sont aujourd'hui notées comme offrant des retours périodiques. Citons les quatre suivantes, les plus célèbres :

Comète de Halley. Période : 75 ans. Dernière apparition : 1835. Rétrograde. Passe à son aphélie un peu au-delà de l'orbite de Saturne.

Comète d'Enke. Reste en dedans de l'orbite de Jupiter. Depuis cinquante ans qu'on la connaît, elle n'a pas manqué de revenir au rendez-vous tous les trois ans ; sa dernière apparition a eu lieu en 1881. C'est une nébulosité télescopique, sans queue ni noyau. Il y a un siècle, la période était de 1212 jours ; elle n'est plus aujourd'hui que de 1208. Rappelons que la loi de Bode indique des chiffres plus élevés que la réalité.

Comète de Biela. Période 6 ans 3/4. Dépassait un peu l'orbite de Jupiter. En 1846, on l'a vue se diviser en deux, et depuis 1852 elle n'a plus été retrouvée. Très probablement elle s'est désagrégée, et lorsque la Terre traverse les débris qu'elle a laissés, nous assistons à une pluie d'étoiles filantes (par exemple le 27 novembre 1885).

Comète de Faye. Période 7 ans 1/2. Dépasse un peu l'orbite de Jupiter. Télescopique.

On découvre au moyen du télescope 2 ou 3 comètes chaque année. La plupart restent invisibles à l'œil nu et n'ont pas de queue. En 1881, on en a observé 7, dont trois visibles à l'œil nu.

Météorites

Les *étoiles filantes* n'ont absolument de commun avec les étoiles proprement dites que le nom. Elles ressemblent à des étincelles qui traverseraient obliquement notre atmosphère, sans bruit, et il est bien rare d'en recueillir les fragments.

Chaque année, le 10 août et le 12 novembre, on remarque une véritable pluie d'étoiles filantes, quand la Terre passe dans une zone de l'espace mieux fournie. Il est probable que ces astres, innombrables et très petits, forment autour du Soleil plusieurs anneaux doués des mouvements nécessaires à leur équilibre.

On appelle ***radiant*** le point du ciel d'où semblent partir les étoiles filantes ; de là, le nom de plusieurs essaims : les ***Léonides*** prennent leur origine dans la constellation du Lion ; les ***Perséides***, dans celle de Persée. En réalité, toutes les trajectoires d'étoiles filantes en un moment donné sont parallèles ; le radiant n'est qu'une apparence, due au mouvement de la Terre (404 lieues par minute) ; pour connaître la vitesse et la direction du météore, il faut donc combiner sa vitesse et sa direction apparente avec le mouvement réel de l'observateur sur la Terre.

Les *aérolithes*, ou pierres tombées du ciel, sont les uns métalliques (fer), les autres lithoïdes, d'autres enfin charbonneux et bitumineux (origine organique?). Ils ne renferment aucun corps simple qui n'existe pas à la surface de la Terre ; la portion la plus extérieure est fondue et vitrifiée, comme si elle avait passé par un feu ardent.

Jamais ils n'ont présenté des traces de stratification dues à la formation de sédiments par les eaux ; ni de roche analogue au granit. On peut se procurer des aérolithes — en y mettant le prix — chez tous les marchands de minéraux.

Les musées de Stockholm et de Paris en possèdent de splendides échantillons. On les nomme encore *uranolithes*.

Toutefois, il est maintenant reconnu que les énormes masses de fer (25,000 kilogrammes), découvertes par Nordenskiöld au Groënland et d'abord regardées comme célestes, ont une origine terrestre, volcanique.

Les *bolides* sont des corps errants d'une dimension plus considérable que les aérolithes. Ils offrent l'aspect de globes lumineux, apparaissant soudainement sans règles connues.

Parfois ils éclatent avec grand bruit, et laissent tomber sur le sol de nombreux et volumineux fragments.

Le terme *météorite* comprend ces divers phénomènes. Si, malgré la puissante attraction de la Terre, il ne tombe pas à sa surface un plus grand nombre de ces astres microscopiques, il faut en chercher la cause dans une répulsion de deux électricités de même nom. Notre globe, chargé de fluide résineux, repousse ces parcelles à la façon du bâton de laque qui renvoie la balle de liège après l'avoir électrisée (Houzeau).

La lumière des météorites leur appartient, et ne dépend pas du Soleil.

Elles pénètrent dans notre atmosphère avec une vitesse de 30 à 70 kilomètres par seconde; de là, échauffement toujours, parfois volatilisation totale; et si des fragments parviennent jusqu'au sol, ils sont en général dépouillés de toutes les matières volatiles qu'ils pouvaient contenir. D'après les ruines de la maison brûlée, on ne peut pas se faire une idée de la demeure avant la catastrophe. C'est en étudiant les trajectoires des étoiles filantes qu'on a fixé la hauteur de l'atmosphère à une centaine de kilomètres.

Ici se rangeront les *poussières cosmiques*, c'est-à-dire d'origine extra-terrestre, le jour où leur existence sera bien constatée; mais il règne encore sur ce point une grande incertitude. La neige renferme presque toujours de ces poussières. Mais elles sont peut-être volcaniques : on a recueilli le 11 avril 1906 à Paris, le 27 avril à Eelen (Maeseyck), le 11 avril à Bruxelles des poussières volcaniques provenant sans doute de l'éruption du Vésuve quelques jours auparavant; et l'on attribue les lueurs rouges des couchers de Soleil en 1884 et 1885 à des poussières lancées dans les régions supérieures de l'atmosphère par la formidable éruption du Krakatoa en 1883.

Lumière zodiacale. Parfois, après le coucher du Soleil (en mars), ou avant son lever (en septembre), on aperçoit un fuseau faiblement lumineux, qui se montre à l'horizon la pointe en haut, comme une dépendance de l'astre, et qui se meut avec lui. C'est ce qu'on nomme la lumière zodiacale. Sous les tropiques, elle est parfois très belle. On a supposé qu'elle était due à un immense anneau de matière pulvérulente, peu dense, analogue à celle qui compose l'anneau de Saturne, et circulant autour du Soleil.

Plus récemment, J. Ch. Houzeau a considéré la lumière zodiacale comme formée par des effluves terrestres repoussés par le Soleil; ce serait un phénomène analogue à la queue des comètes. Ainsi s'expliquerait également la tache lumineuse observée dans certains cas au zénith à minuit (*Gegenschein* des Allemands), et représentant le prolongement vertical de cette queue ; ainsi s'expliquerait le *pont*, faible traînée lumineuse qui semble parfois réunir la pointe de la lumière zodiacale du soir à celle de l'aurore suivante, à travers toute la voûte du ciel.

Les *aurores boréales* sont des phénomènes lumineux dépendant du magnétisme terrestre. Pendant ces manifestations, la boussole est animée de mouvements désordonnés ; les lignes télégraphiques continentales sont, plusieurs heures à l'avance, incapables de travailler ; un courant énergique constant traverse les électro-aimants des récepteurs ; les sonneries fonctionnent ; les téléphones font entendre un roulement continu ; l'appareil Hughes, en raison de sa délicatesse, est spécialement impressionné. Les lignes sous-marines permettent de prévoir l'aurore boréale *plusieurs jours* à l'avance.

TABLE ANALYTIQUE

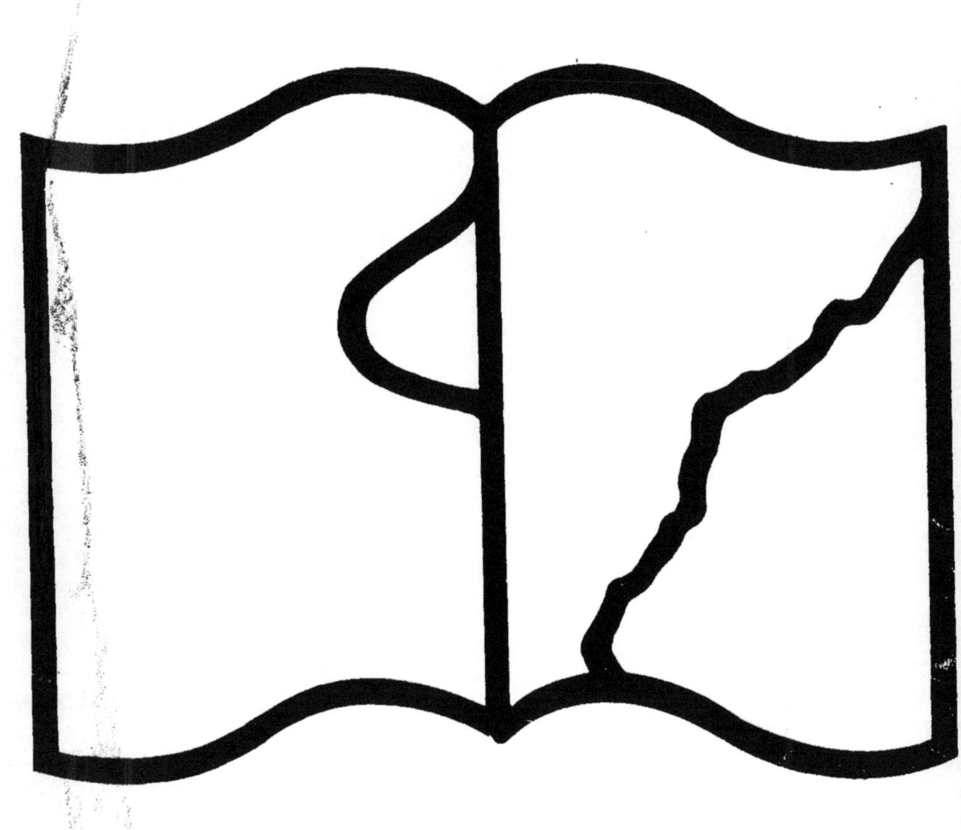

Texte détérioré — reliure défectueuse

NF Z 43-120-11

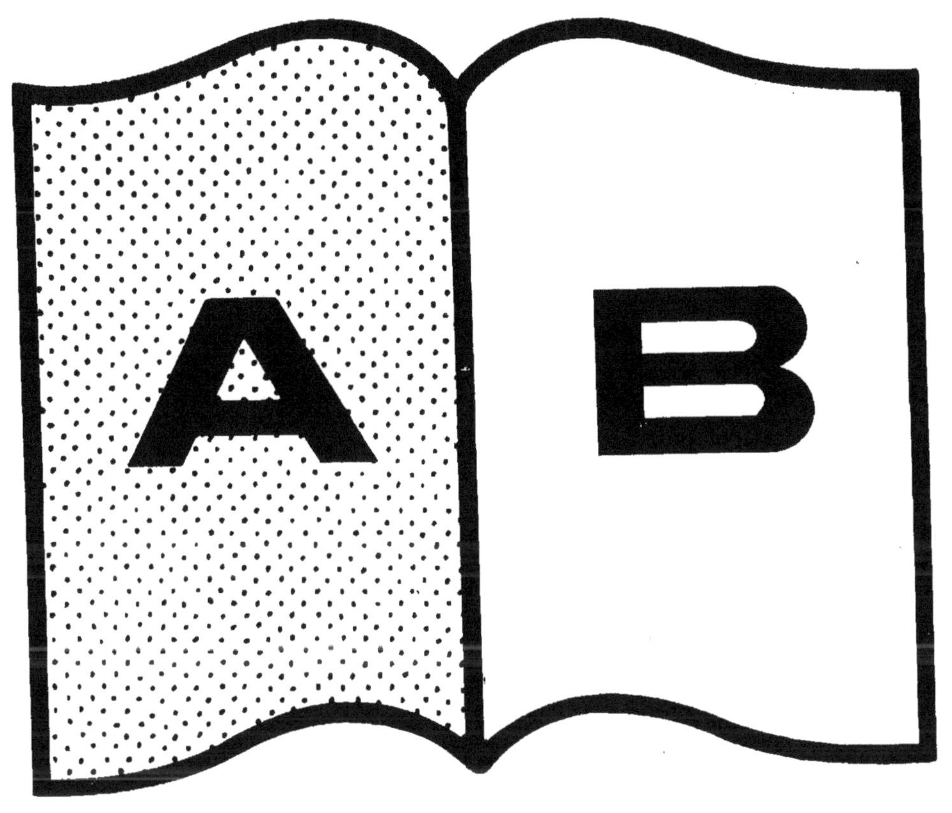

Contraste insuffisant

NF Z 43-120-14

www.ingramcontent.com/pod-product-compliance
Ingram Content Group UK Ltd.
Pitfield, Milton Keynes, MK11 3LW, UK
UKHW020351230726
13925UKWH00003B/1073

9 782013 693745